科学出版社"十三五"规划教材

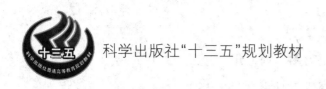

工程实践丛书

3D 打印与快速模具实践教程

胡庆夕　韩琳楠　徐新成　主编

科学出版社

北　京

内 容 简 介

3D打印与快速模具技术是21世纪新兴的多学科交叉技术,是现代制造技术实践的主要内容之一。本书汇集了作者多年的3D打印与快速模具技术应用经验,以实用为宗旨,强调系统性、层次性、实例丰富性、项目多样性,具有较高的参考价值,突出理论教学与工程实践一体化,注重人才应用能力和创新素质的综合培养。

本书简要总结了3D打印与快速模具技术的基本原理、种类、特点和应用,采用案例和视频详细介绍了常见的一种3D打印数据前处理软件、五种3D打印和一种快速模具工艺的实践方法,通过实践案例给出各种工艺的实现方法,并附有思考题和实践报告。本书是为本科学校、专科学校、职业学校的机械工程、材料工程、工业工程、工业设计、美术等各相关专业学生,以及产品设计人员、工程技术开发人员等编写的参考教材,同时可供其他专业的人员借鉴。

图书在版编目(CIP)数据

3D打印与快速模具实践教程 / 胡庆夕等主编.—北京:
科学出版社,2017.2
(工程实践丛书)
科学出版社"十三五"规划教材
ISBN 978-7-03-051604-6

Ⅰ.①3… Ⅱ.①胡… Ⅲ.①立体印刷-印刷术-高
等学校-教材 Ⅳ.①TS853

中国版本图书馆 CIP 数据核字(2017)第 018443 号

责任编辑:许　健　徐杨峰
责任印制:谭宏宇/封面设计:殷　靓

科 学 出 版 社 出版
北京东黄城根北街 16 号
邮政编码:100717
http://www.sciencep.com
南京展望文化发展有限公司排版
苏州越洋印刷有限公司印刷
科学出版社发行　各地新华书店经销

*

2017 年 2 月第 一 版　开本:787×1092　1/16
2017 年 2 月第一次印刷　印张:8
字数:185 000
定价:**29.00元**
(如有印装质量问题,我社负责调换)

序 言

　　"实验教学与理论教学并重"正在成为现代大学教学设计的基本理念。加强工程实践类课程建设,是当下高校工科教学改革和发展的一项重要内容,具有普遍性和方向性意义。中国如此,国际上亦如此。

　　工程训练是高校对本科阶段学生进行工程实践能力培养的重要教学环节。不同于一般的课程类教学,也不同于传统的金工实习,现代大学的工程训练具有通识性和专业基础性双重教学属性。工程训练课程面向以工科为主的本科各专业,旨在给大学生以工艺知识和技能的训练、工业制造的了解以及工程文化的体验。它是以综合性为特点,根据对学生的培养要求,采用多样性工业集成的思想,对各种生产工程技术进行经精选,遵循认知规律,采用实操、实训和实验为主要学习方式的,着眼于学生的现代工程师能力培养的一种新型课程。

　　新型课程需要新的教材。高校人才培养的多样性要求,决定了教材的多样性。近十多年,伴随着我国高校工程训练教学建设的快速发展,相应的教材建设也出现了百花齐放、欣欣向荣的局面,其中不乏一些水平较高、质量较好的新编教材。

　　面向工程训练课程的《工程实践丛书》,编写思路上紧跟工业技术的进步,突出工程训练的综合性。不仅涉及机械和电子领域传统的常规技术,还适量增加了计算机辅助设计与制造、数控加工、激光加工、3D打印、快速模具、现代控制、精密测量、先进焊接、特种加工等多种先进制造技术内容。这些新内容已经或正在成为工业主流应用技术,因此应当成为学生应知应会的技能。教材的内容组织和构成力图有利于学生主动学习和主动实践能力的养成，为此在文字表述、习题和思考题编排设计上下了功夫。运用"案例教学法"和"项目教学法"，恰当地引入典型化工程实例，放大学习者的思考空间，也是该教材的编写特点。这些探索和改进对于启发学生的工程创新意识会有积极作用。

上海大学胡庆夕教授领衔主编的这一套《工程实践丛书》，理论和实践结合紧密，有内容、有新意、有创新，希望能够成为受学生和教师欢迎的好教材。

2016 年 10 月于大连理工大学

前　言

　　3D打印与快速模具技术是20世纪80年代发展起来的现代制造技术,是世界制造技术领域一次重大突破,开辟了不用刀具制作各类零件的途径,为传统方法不能或难以制造的零件提供了一种全新的制造手段。这种新技术将促使制造领域的思维方法和工艺方法产生重大转变。对促进企业产品创新、吸收国外先进技术、缩短新产品开发周期、降低创新成本,发展绿色制造、提高产品竞争力有积极的推动作用。因此,3D打印技术发明以来,很快在世界范围内得到应用与推广。

　　根据教育部工程材料及机械制造课程教学指导小组的教学基本要求,3D打印与快速模具实践教学是先进制造实践教学必不可少的组成部分,不仅体现了教学内容的新颖性和时代性,也体现出现代制造技术融入实践教学的改革旋律。该实践教程是我们长期从事3D打印与快速模具理论和应用的经验总结,对将研究成果转化为实践教学内容有着重要指导意义,对其他院校了解3D打印与快速模具的实践教学具有重要借鉴价值,对企业了解该技术和推广该技术具有重要的作用。

　　本书共分9章,主要包括六个方面的内容:一是实践的安全部分及要求部分,即第1章主要介绍工程实践中应该注意的安全知识;二是3D打印与快速模具技术的基础知识,即第2章主要介绍3D打印与快速模具基本概念、基本原理、种类和应用;三是3D打印技术的数据前处理部分,即第3章详述了3D打印的数据处理实践;四是3D打印基本实践部分,包括第4章光固化立体成形(SLA)实践、第5章薄材叠层制造(LOM)实践、第6章熔融沉积(FDM)实践、第7章选择性激光烧结(SLS)实践和第8

章立体打印(3DP)实践;五是快速模具基本实践部分,即第9章快速模具(RT)实践;六是 3D 打印与快速模具实践报告,包括基础项目、增加项目和创新项目。

本书由上海大学工程训练国家级实验教学示范中心胡庆夕、韩琳楠以及上海工程技术大学工程训练国家级实验教学示范中心徐新成担任主编,参加本书编写的还有陈杰、林柳兰、张海光、胡卫东、胥健、宋晨霞等。

在编写本书的过程中,引用了部分科技文献与资料,已将主要参考文献附在书末,在此谨向有关作者致以深深的谢意。

由于 3D 打印与快速模具技术实践涉及多种成形工艺和处理工艺,而且该技术还不很成熟,使我们在撰写该书时没有可以参照的模式,故书中内容难免有不当与错误之处,敬请读者批评指正。

编 者

2016 年 9 月于上海大学

目　录

第九章　快速模具(RT)实践

第一章　3D 打印与快速模具实践安全须知

1.1　工程训练安全须知

1.1.1　进入工程训练中心安全注意事项

工程训练是学校培养具有工程意识、创新意识和工程实践综合能力的高素质人才的重要实践教学环节。作为主动实践、开拓视野的重要环节,学生必须亲自动手操作各种设备和仪器来提高动手能力。为了保障学生实践操作中自身和设备安全,防范安全事故的发生,切实有效降低和控制事故危害,要求学生进入工程训练中心,必须遵守以下安全规则:

① 禁止携带危险品进入训练室,训练室内禁止吸烟;

② 进入训练场所的人员必须穿好工作服或其他防护用品,扎好袖口,不准穿拖鞋、凉鞋、高跟鞋,不准穿裙子、短裤、吊带背心等,长头发的同学必须戴工作帽;

③ 严格遵守训练中心的各项规章制度和安全操作规程。在训练期间严禁违章操作,必须听从指导教师的指导,未经指导教师的许可,不得擅自操作任何仪器设备,不听劝阻者将取消其训练资格;

④ 学生因违反训练纪律和安全规则造成人身、设备事故,以及出现重大事故或造成严重后果,按其程度严肃处理,并直至追究相应的经济和法律责任;

⑤ 出现各种事故,必须保护好现场,并立即报告指导教师;若故意破坏现场,必须承担相应责任;

⑥ 实习必须在指定地点、设备上进行,未经允许不准动用他人设备和工夹量具,不得任意开动或关闭他人设备的电门、电闸;

⑦ 出入实验室,必须在规定的黄色安全通道内行走,严禁在操作中的吊车、行车下通过和站人;

⑧ 按照实验室操作规范,合理安全地使用电源、水源、气源和各类化学试剂,严禁湿手操作电源和仪器设备,确保人身安全;

⑨ 一旦发生火灾,首先切断火源或电源,尽快使用有效的灭火设施灭火;同时,迅速从安全通道撤离,拨打"119"火灾报警电话。

1.1.2　操作仪器设备安全须知

3D 打印与快速模具设备是学生进入工程训练必须操作的对象,操作不当会造成设备损坏或导致人身事故,因此,要求参加工程训练的学生务必牢记以下规定:

① 在教师讲解设备操作方法时,或在设备处于待运行状态以及运行过程中,不得随意触摸设备上的任何按键,不得随意打开设备门,不得随意使用或关闭控制设备的计算机;

② 设备运行时,严禁搬动、移动或振动,不得断开电源;

③ 操作设备时,不能用湿手接触电器;

④ 设备运行过程中,发现设备有异常声音或出现异味等故障时,应及时报告教师或立即停机并切断电源,严禁带故障操作和擅自处理;

⑤ 多人使用一台设备时,只允许一人操作(包括配套的电脑);

⑥ 工作结束时,关掉成形系统电源,关闭计算机,最后关闭设备总电源。

1.2　3D 打印与快速模具实践安全操作规程

1.2.1　FORMILABS FORM1＋光固化 3D 打印机安全操作规程

① 操作设备前操作人员需戴好口罩及手套。

② 开机前检查设备的电源及系统是否正常。

③ 检查设备材料余量,工作板是否安装、固定。

④ 每次加工结束后必须做好设备的清洁工作,并做好设备的使用情况记录。

⑤ 每月检查设备的开关及电源线插头。

1.2.2　SD300 3D 打印机安全操作规程

① SD300 3D 打印机周边禁止存放易燃易爆物品。

② 更换耗材时,防止胶水或解胶剂溅到皮肤、衣服、眼睛,溅到皮肤、衣服上,应及时用水或肥皂液冲洗,溅到眼睛则应寻求医疗帮助。

③ 成形结束后,取出模型时禁止按恢复按钮,否则会导致刀片损坏。

④ 安装或更换打印机刻刀时,避免被刻刀划伤。

1.2.3　uPrint、MakerBot2 和 UPplus2 3D 打印机安全操作规程

① 在打印过程中,不得接触喷头,以免高温造成烧伤。

② 清洗样件时,应戴上防护手套,以免碱性清洗液腐蚀皮肤。

1.2.4 HRPS-Ⅲ选择性激光烧结成形系统安全操作规程

① HRPS-Ⅲ选择性激光烧结 3D 打印系统周边禁止存放易燃易爆物品,室内安装通风设施、排烟口,保持工作室清洁、干燥。

② 定期检查冷却蒸馏水水位,发现缺水应及时添加。

③ 在设备工作过程中,禁止将头、手伸入成形室内,避免造成皮肤灼伤。

④ 进行制件后处理时,要佩戴防护口罩,防止吸入粉尘。

⑤ 使用红外测温仪时,注意不可将其对准眼睛,以防致盲。

⑥ 后处理中进行树脂浸涂时,应戴手套和口罩,穿防护服,以避免溶剂刺激皮肤和呼吸系统。

1.2.5 ZPrinter 450 3D 打印机安全操作规程

① 更换胶水时,防止溅到皮肤、衣服、眼睛,溅到皮肤、衣服上,应及时用水或肥皂液冲洗,溅到眼睛则应寻求医疗帮助。

② 进行制件后处理时,要佩戴防护口罩,防止吸入粉尘。

③ 在样件进行树脂浸涂时,应戴手套、口罩,穿防护服,以避免溶剂刺激皮肤和呼吸系统。

1.2.6 V450NA 数字控制真空注型机、烘箱安全操作规程

1) V450NA 数字真空注型机安全操作规程

① 开机前检查真空泵润滑油是否充足,检查真空泵、真空表及系统是否正常,检查搅拌和倒料装置是否正常。

② 在真空泵运转过程中,注意查看声音是否正常,若发现异常现象,应立即停机,进行检查、检修。

③ 真空度达到−0.1MPa 时,应及时关闭真空泵。

④ 真空室到达正常大气压前,不得强行拉开注型机上下工作室门。

2) 烘箱安全操作规程

① 开机前应检查接地、控温器、鼓风机等装置是否正常,检查烘箱的工作温度,保持在设定范围内,避免造成失火或样件毁坏。

② 在升温过程中,应逐步升温并观察升温情况,发现异常,立即停止加热;严禁在烘箱内放置油料、溶剂等易燃易爆物品。

③ 经过汽油、煤油、酒精、稀释剂等易燃材料处理过的制件,应在空气中放置至易燃物品挥发完全后,才允许放置入烘箱内。

④ 工作结束后,应切断烘箱电源。

第二章 3D 打印与快速模具概述

近年来,随着全球市场一体化的形成,制造业在全球市场上的竞争日趋激烈,产品的生命周期越来越短。缩短新产品的设计与试制周期,降低开发费用,是每个企业面临的迫切问题,如何尽快将新产品投放市场成为企业赢得市场的关键。21 世纪是多品种、高质量、低成本、小批量生产的时代,这种生产方式占工业生产的比例将达 75% 以上。产品使用周期短、更新换代快,要求模具的生产周期越短越好。面对日趋激烈的市场竞争,制造业已经从"规模效益第一"、"价格竞争第一"转变为"市场响应速度第一",时间因素被提到了首要地位。

面对激烈的市场竞争,企业在新产品进入生产前,往往要制造产品的原型样品,以便尽早地对新产品进行验证和改进,这是一项费时费力的工作,被视为创新"瓶颈"。以往的产品原型一般采用机床加工或手工造型等常规方法制作,时间长达几周或几个月,加工费用昂贵。对于一些复杂形状的零件,即使采用多轴 CNC 加工仍然存在加工困难。为解决上述问题,20 世纪 80 年代中期以来,在美国、日本、西欧等国家先后出现了一种全新的物理造型技术——3D 打印与快速模具(3D printing & rapid tooling,3DP&RT)技术,这种技术作为新产品开发过程中的重要手段之一,是加速产品开发的工具,能够迅速将设计思想转化为产品或三维实体模型。3DP&RT 为零件原型制作、新设计思想的校验等方面提供了一种高效低成本的实现手段,帮助企业降低向市场投放不合格产品的可能性,提高产品研发的效率。3DP&RT 技术的应用已经延伸到最终产品的生产,迅速发展并最终覆盖整个快速制造(rapid manufacturing,RM)领域。

应用 3DP&RT 技术可以缩短加工周期(缩短 70% 以上)、降低制造成本(降低 50% 以上)。3DP&RT 技术是继 20 世纪 60 年代 NC 技术之后制造领域的又一重大突破,是先进制造技术群中的重要组成部分,该技术对企业的发展发挥越来越重要的作用,给企业带来巨大的经济效益,已经被越来越多的企业所采用。

2.1 3D 打印与快速模具技术进展历程

1) 发展历程

1892 年,Blanthre 在他的美国专利中主张用分层制造方法制作三维地图模型;1902 年,Baese 在他的美国专利中提出用光敏聚合物材料制造塑料件;1940 年,Perera 提出在硬纸板上切割出轮廓线,然后黏结成三维地图模型的方法。

在随后的 50 年里,3DP&RT 技术得到了快速发展,日本东京大学的中川威雄教授发明了叠层模型造型法,美国 3M 公司 Alan J. Hebert(1978 年)、日本小玉秀男(1980 年)、美国加利福尼亚州 UVP 公司 Charles W. Hull(1982 年)和日本丸谷洋二(1983 年)分别独立地提出了用分层制造产生三维实体的思想,分层制造三维实体的思想成为 3D 打印技术的基本概念和原理,为 3D 打印技术进一步的发展奠定了基础。特别是 Charles W. Hull 在美国 UVP 公司的支持下完成了用激光照射液态光敏树脂的分层制造三维实体装置 SLA-1,该装置于 1986 年获得了美国专利(专利号:4575330),这是世界上第一台光固化立体成形装置,是 3D 打印技术发展的里程碑。1988 年,Charles W. Hull 和 UVP 公司的股东们一起建立的美国 3D Systems 公司在此专利的基础上率先推出了第一台 SLA 商业成形设备 SLA-250,并以 30%～40% 的年销售增长率在世界市场销售,开创了 3D 打印技术发展的新纪元。此后 20 余年间,3D 打印技术迈入了快速发展时期,其他的成形原理及相应的成形系统也相继开发成功。1984 年,Michael Feygin 提出了 LOM 方法,并于 1985 年组建了美国 Helisys 公司,Helisys 公司于 1992 年研制出第一台 LOM 商业成形设备 LOM-1015。美国明尼阿波利斯工程师 Scott Crump 在 1988 年提出了 FDM 思想,美国 Stratasys 公司于 1992 年开发出了第一台商业 FDM 成形设备 3D-Modeler。1986 年,美国德克萨斯州大学研究生 C. R. Dechard 提出了 SLS 的思想,稍后组建了美国 DTM 公司,于 1992 年研制成功首台商业化 SLS 成形设备 Sinterstation。1989 年,美国麻省理工学院(MIT)Emanuel M. Sachs 等申请了三维印刷技术的专利,其成为日后该领域的核心专利之一,美国 MIT 于 1993 年开发的三维立体打印成形技术(3DP™),奠定了美国 Z Corp 公司原型制造过程的基础。目前,SLA、LOM、SLS、FDM 和 3DP 五种工艺方法已经日趋成熟,其发展历程如表 2-1 所示。

表 2-1　3D 打印技术的发展历程

3D 打印工艺方法	发 展 历 程
光固化立体成形(SLA)	1986～1988
薄材叠层成形(LOM)	1985～1991
选择性激光烧结成形(SLS)	1987～1992
熔融沉积成形(FDM)	1988～1991
三维立体打印(3DP)	1985～1997

2) 应用历程

3DP&RT 技术是当今世界上飞速发展的制造技术之一。3D 打印技术已由迅速发展期进入成熟期,并朝着应用方向发展。由于 3D 打印技术对产品创新的巨大推动作用,越来越受到人们的密切关注。

20 年以前,3D 打印技术主要应用于全球财富百强的高科技实验室,在过去 20 多年的大部分时间都保持了两位数的增长,但现在与其接触最多的反而是一些小公司和越来越多的消费者,其应用领域是具有最新思想和具有独特应用需求的用户。3D 打印可以实现任何空间三维物体的制造,而且完成得又快又好。

随着 3D 打印技术的发展,不仅是产品开发部门和设计公司推动着该技术的发展,医生、艺术家也在应用并推动 3D 打印技术。随着成形技术和成形材料的发展,3D 打印制件已经不再全是脆性模型,已经可以直接作为产品使用,使得设计中的装配关系和功能测试成为现实,生产最终使用的零部件比构建模型和原型更具有挑战性。尤其是利用 3D 打印技术生产产品可以实现定制,且生产周期很短,使得该技术具有巨大的发展潜力。

2.2 3D 打印技术

3D 打印技术是将计算机辅助设计(CAD)、计算机辅助制造(CAM)、数控技术(CNC)、激光技术、材料技术等集成于一体的多学科交叉的先进制造技术。

2.2.1 3D 打印技术基本原理概述

1) 基本原理

3D 打印技术是基于离散—堆积原理的成形方法,由三维 CAD 模型直接驱动,用材料逐层或逐点堆积出样件,快速地制造出相应的三维实体模型,是一种全新的思维模式。它与传统的去除成形方式(车、铣、刨、磨等)不同。

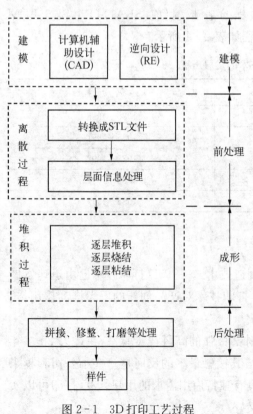

图 2-1 3D 打印工艺过程

3D 打印的工艺过程首先是在计算机上运用三维设计软件(如 UG NX、Pro/E、CATIA 等)、重建软件(如 Imageware、Mimics 等)设计或重建出产品的三维模型,然后将 CAD 数据转换成 STL 文件格式后用 3D 打印专业软件(如 Magics 等)进行网格划分、分层切片等处理,采用计算机驱动,在二维平面上对材料进行选择性切割,形成一系列截面轮廓片状实体,逐层堆积成所设计的样件,经过相应的后处理得到所需的原型或产品。

2) 工艺过程

3D 打印工艺过程主要包括前处理、分层叠加成形、后处理三个环节(图 2-1)。

(1) 前处理

前处理是对设计或重建出的 3D 模型,进行数据转换、纠错、成形方向选择,以及支撑结构生成等操作,然后选择成形方式,根据成形工艺需求,分层切片,将三维模型转变成二维截面平面信息,再将分层后的二维信息生成相应格式输出。

（2）分层叠加成形

这是 3D 打印的核心,主要包括模型截面轮廓的制作与截面轮廓的叠合。在计算机控制下,以平面加工方式,有序地连续加工出每个薄层模型,层层联接成形,构成一个与三维 CAD 模型相对应的三维实体模型。

（3）后处理

主要包括样件的剥离、拼接、修补、打磨、抛光和表面喷涂等处理,最终得到所需的样件。

3）工艺种类

常用的 3D 打印工艺方法有五种:光固化立体成形(stereo lithography apparatus, SLA)、薄材叠层成形(laminated object manufacturing, LOM)、熔融沉积成形(fused deposition modeling, FDM)、选择性激光烧结成形(selective laser sintering, SLS)和三维打印(three dimensional printing, 3DP)。

2.2.2 3D 打印技术特点

1）3D 打印工艺的特点

① 高度柔性:在计算机控制下,可以由产品 CAD 数据或逆向几何数据直接制造出任意复杂形状的样件,3D 打印工艺与零件的几何形状无关。

② 快速性:从 CAD 设计到原型制造只需几小时至几十小时,比传统制造方法速度快得多,这一特点尤其适合于新产品的开发,具有快速制造的突出特点。

③ 自由成形制造:3D 打印工艺不受任何刀具、模具及工装卡具的限制而自由成形,且不受零件复杂程度的限制,大大降低了新产品的开发成本和周期。

④ 易与传统方法结合:由于采用了离散/堆积分层制造工艺和非接触加工方式,能够很好地将 CAD、CAM 结合起来。可实现快速铸造,快速模具制造,小批量零件生产等功能,为传统制造方法注入新的活力。

⑤ 材料的广泛性:在 3D 打印领域中,由于各种 3D 打印工艺方式不同,所使用的材料也各不相同,包括金属、纸、塑料、光敏树脂、工程蜡、陶瓷粉、工程塑料(ABS 等)、金属粉、砂,甚至纤维等材料。

⑥ 适于创新与开发:3D 打印样件的制造成本与产品复杂程度、产品批量无关,很适合单件、小批量及新产品的制造。

⑦ 高适应性:3D 打印工艺对零件结构的复杂性不敏感,对制造任意复杂的零件更显优越,可将任意复杂形状的设计方案快速转换为三维的实体样件。

2）3D 打印技术的用途

① 3D 打印技术为设计者之间、设计者与决策者之间、设计者与用户之间提供了一个物理产品的交流工具,具有快速、准确制造复杂模型的能力。

② 3D打印技术可直接用于新产品设计验证、功能验证、外观验证、工程分析、市场订货以及企业的决策等,有利于发现问题和解决问题,可提高新产品开发的成功率,缩短开发周期,降低研发成本。

③ 3D打印技术与逆向工程结合,对现有产品的复制与改进,可实现绿色创新制造,与医学结合,快速制造假肢、人造骨、手术规划模型等,实现仿生制造。

2.2.3 3D打印技术应用

3D打印技术经过30多年的发展,从设备、工艺到材料等各个环节都取得了长足的进步,在研究、工程和教学等应用领域占据了独特的地位。3D打印技术开辟了不用任何刀具而迅速制作各类零件的途径,并为常规方法不能或难以制造的零件或模型提供了一种新型的制造手段。由于3D打印技术的灵活性和快捷性,3D打印技术已经应用到航空航天、交通工具、教育、玩具、通讯、计算机、家用电器、电子产品、铸造、医疗、建筑、工艺美术、模具、军事等领域,主要体现在设计评价与验证、市场预测、产品功能、性能测试和装配检验等方面。

① 航空航天:特殊零件的直接制造,如叶轮、涡轮、叶片试制,发动机试制,装配试验,精密铸造。

② 交通工具:外观及内饰件的设计和装配试验,发动机试制等。

③ 通信工具:通信产品外形与结构设计,装配试验,功能验证,模具制造。

④ 家用电器:家电产品的外形与结构设计,装配试验与功能验证,市场宣传,模具制造。

⑤ 工业产品:各种产品的设计、验证、装配,市场宣传,玩具、鞋类模具的快速制造。

⑥ 医疗:医疗器械的设计、试产、试用,手术模拟与分析,人体骨关节的定制。

⑦ 军事:各种武器零部件的设计、装配、试制,特殊零件的直接制作,精密铸造。

1) 产品设计评价与验证

在新产品的开发过程中,经常会出现对图纸的错误理解。随着零件复杂度的增加,保证几何信息的准确性(如孔、结构筋错位或零件间装配不当)、避免零件间产生干涉(如钢索、束线、胶皮管、管道,以及机械电子部件和装配组件等)的难度随之增加。3D打印技术能以最快的速度(数小时或数天内)将设计思想物化为具有一定结构功能的产品样件,为新产品的设计提供了一个快捷、清楚并准确的描述,便于设计部门和制造部门之间良好地沟通与交流,完成设计修改,可以更好地体现设计者的想法和设计,及早发现纠正错误,从而对新产品设计方案进行快速评价、测试与改进,促进合作,减少产品的开发时间并降低成本,是设计者检验CAD数据的正确性和提高设计质量的工具。

图2-2为某新款手机的外形设计评价与验证,图2-3为新款传真机外形设计评价与验证。

图 2-2　新款手机外形设计评价和验证　　　图 2-3　新款传真机外形设计评价和验证

2）产品功能测试和性能试验

3D 打印技术不但能帮助设计者检验新产品 CAD 数据的正确性，而且已经能够进行功能测试与性能试验。随着新型材料的开发，3D 打印系统制造的新产品原型已经具有一定的机械强度，可以用于装配、传热性能以及流体力学等性能检测与试验。图 2-4 为 3D 打印制造的电动工具外壳进行性能测试，图 2-5 为 3D 打印制造的吸尘器的功能测试。

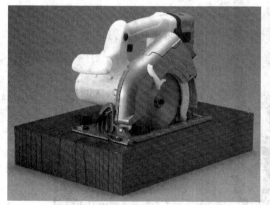

图 2-4　电动工具的性能测试　　　　　　图 2-5　吸尘器的功能测试

3）产品报价与投标

供应商在报价或投标过程中，附带一个用 3D 打印技术制作出一定比例的产品样件是极其有效的策略与明智的选择，利用 3D 打印样件可以清楚、直接地表达工程图纸的设计意图与特点，避免造成报价失真。3D 打印技术可以应用于造船、建筑、汽车、航空航天以及家电等行业中产品报价与投标。

4）医疗应用

医疗行业是 3D 打印技术又一个重要的应用领域。3D 打印技术可以用于制作医疗教学或手术参考模型，如制造假肢、外科修复、手术分析等，特别是 3D 打印技术的个性化定制,使其在医学上有很大的发挥空间,如牙齿、骨骼、医学器械和植入体的定制等。图 2-6 为 3D 打印技术在颅骨修复与牙根植以及连体婴儿分离手术模型等临床医疗上的应用。

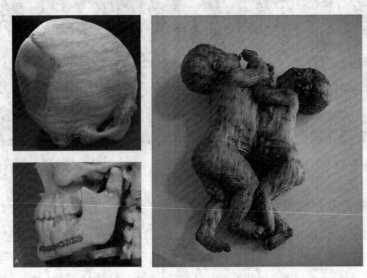

图 2-6　3D 打印技术在临床医疗上的应用

5) 建筑方案评价

在建筑行业,建筑模型的制造是建筑设计中必不可少的环节,3D 打印技术可以解决采用传统制造方法不能解决的工艺问题,图 2-7 为应用 3D 打印技术所制作的建筑模型。

图 2-7　3D 打印技术在建筑行业的应用

2.3　快速模具技术

随着社会进步与经济发展,市场竞争愈来愈激烈,用户需求不断增强,迫使企业采用 3D 打印技术最大限度地缩短新产品的开发周期、降低成本,以适应客户的最新要求。快速模具(rapid tooling,RT)技术就是适应这种市场需求,能快捷、低成本地制作模具的一种新兴技术。它起源于 20 世纪 80 年代后期,是传统的制模方法与 3D 打印技术相结合的产物。RT 技术以 3D 打印技术为基础,融合了高分子材料、CNC 等新技术和新工艺,进行产品开发过程中的小批量试制或生产,以进行全新产品的功能检验和试销。它缩短了新产品开发和模具制造的周期,快速制造新产品的试制品,尽快投放市场试运行,以尽快获得客户反馈信息,帮助企业的新产品尽快占领市场。

RT 技术与传统模具加工方法相比,其制造周期仅为传统模具制造的 $1/2 \sim 1/10$,生产成本仅为传统模具制造的 $1/3 \sim 1/5$,大大降低了企业新产品开发的成本。RT 技术与 3D 打印技术有密切的关系,它利用 3D 打印或其他制造方法得到的样件为母模,根据不同的批量、功能要求,采用合适的 RT 工艺,进行小批量制造。

2.3.1 快速模具技术种类

根据模具材料、生产成本、3D 打印原型材料、生产批量、模具的精度要求的不同,常用的 RT 方法大致有直接制模(direct rapid tooling,DRT)方法和间接制模(indirect rapid tooling,IRT)方法,基于 3D 打印的快速模具方法多为 IRT 方法。依据材质不同,IRT 方法根据批量可分为软质模具(soft tooling)(简称软模)、过渡模具(bridge tooling)(简称过渡模)及硬质模具(hard tooling)(简称硬模),如图 2-8 所示。

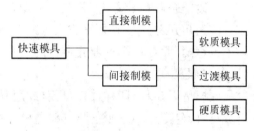

图 2-8 RT 技术的分类

2.3.2 快速模具技术基本原理概述

1) 直接制模

直接制模方法是将 3D 打印技术与模具相结合,用 3D 打印技术直接制造出模具。这种方法不需要 3D 打印样件作母模,也不依赖传统的模具制造工艺,是一种很有发展前景的 RT 方法。其优点是制模工艺简单、精度较高、制造速度短,缺点是单件模具成本高,适用于样件试制和单件小批生产。直接制模材料大多是专用的金属粉末或高、低熔点金属粉末的混合物,也可使用专门的树脂。常见的方法有基于 SLS 的直接金属粉末烧结制模和直接烧结陶瓷模、基于 3DP 的三维打印渗铜模等。直接制模的工艺路线如图 2-9 所示。

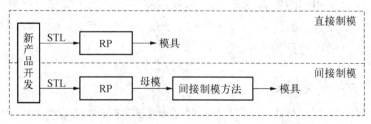

图 2-9 RT 技术的工艺路线

2）间接制模

间接制模方法是用 3D 打印样件或其他制件作母模，间接制造出所需要的模具。该种模具制作过程中，样件的质量是极其关键的因素，直接影响制件的质量，间接制模的工艺路线如图 2-9 所示。

（1）软模

软模是一种试制用的模具，是用 3D 打印样件或其他样件作为母模，浇注双组分硅橡胶，硫化后形成软模。由于模具以硅橡胶为材料，故又称为硅橡胶模具（简称硅胶模）。硅胶模有良好的弹性和韧性，复制性良好，模具制作中无须考虑起模斜度，简化了模具设计，并且制作周期短、成本低，易于脱模。制作中将母模放在模框（尺寸合适的容器）中，向模框中灌注液体硅橡胶，待固化后打开模框，在分型面处用分开固化的硅橡胶，加上浇口，即得到所需的软模。最后将双组分液体材料注入硅胶模中，固化后得到不同性能的零件。本书主要以硅胶模的制作作为快速模具的工程实践对象。

（2）过渡模

过渡模通常指环氧树脂模具。采用环氧树脂模具与传统注塑模具相比，成本只有传统方法的几分之一，生产周期也大为减少，模具寿命可达 1 000～5 000 件，比硅胶模的长，但不及钢模，可实现中、小批量制件的生产。

（3）硬模

硬模是用 3D 打印样件作母模，或用复制的软模具浇注（或涂覆）石膏、陶瓷、金属基合成材料、金属构成的硬模具（如铸造模、注塑模、蜡模的压型等），实现塑料件或金属件的批量生产。这种模具有良好的机械加工性能，可进行局部切削加工，精度高。用金属基合成材料浇注成的蜡模的压型，其模具寿命可达 1 000～10 000 件。

2.3.3 快速模具技术应用

RT 技术是在与传统的机械模具技术的竞争中产生并发展起来的。目前，RT 技术已经在航空航天、交通、教育、玩具、通讯、计算机、家用电器、电子、铸造、医疗、建筑、工艺美术、模具、军事等领域新产品的开发中得到广泛的应用。

1）产品小批量制造

RT 模具可以缩短公司的产品投放市场的时间。利用硅胶模可铸造出少量与 3D 打印原型形状尺寸完全相同的塑料或金属零件，这些零件主要用于装配及性能测试实验，降低直接生产钢模的风险。如图 2-10、图 2-11 所示分别为 RT 技术在汽车零件的小批量制造及洗衣机零件的小批量制造中的应用。

2）在精密铸造中的应用

3D 打印技术、RT 技术与精密铸造相结合能产生显著的经济效益，如图 2-12a 所示为 SLS 方法成形的蜡膜，可用于熔模铸造（图 2-12b）。如图 2-13 所示为 3DP 方法在 RT 中的应用。

图 2-10 RT 技术在汽车零件的小批量制造中的应用

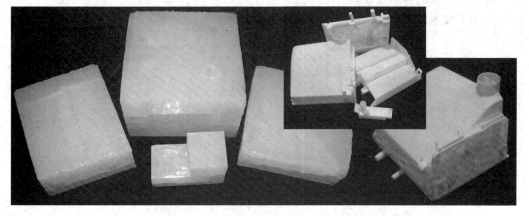

图 2-11 RT 技术在洗衣机零件的小批量制造中的应用

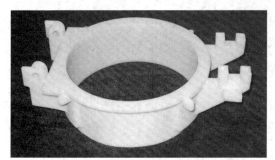

(a) SLS 工艺方法制造的石蜡样件　　　　　　　(b) 熔模铸造的不锈钢件

图 2-12 SLS 方法在熔模铸造中的应用

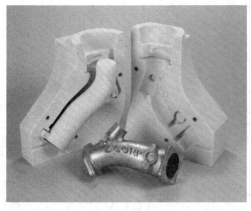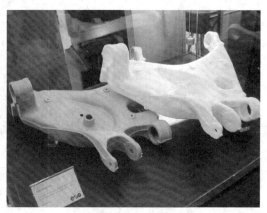

(a) 3DP 工艺方法制造的石膏件　　　　　　　(b) 熔模铸造的钢件

图 2-13 3DP 方法在 RT 中的应用

思考题

1. 阐述 3D 打印技术的基本原理。
2. 3D 打印工艺全过程包括哪几个步骤？
3. 3D 打印加工方法与传统加工方法的主要区别是什么？
4. RT 技术的特点是什么？
5. RT 技术的主要作用体现在哪几个方面？

第三章　3D打印数据处理实践

3.1　实践目的

① 了解数据前处理在3D打印中的作用。

② 了解3D打印数据前处理的基本方法。

③ 掌握Magics软件和快速夹具软件的操作方法。

3.2　常用3D打印数据前处理方法

　　3D打印技术由计算机三维模型直接驱动、在计算机控制下实现全自动加工,从模型处理到数控代码生成的全过程都由数据处理软件完成。因此,数据前处理在3D打印中占据重要的地位。

3.2.1　常用3D打印数据文件

　　产品3D模型可以选择适合3D打印的3D数据格式(如STEP、STL、CFL、RPI等)进行存储,再进行定位、切片、加支撑、路径规划等工艺处理,进而将层片格式数据传入3D打印设备。其中,STL(stereo lithography)文件格式是美国3D Systems公司提出的一种数据交换格式,该数据格式在数学处理上比较简单,而且与CAD系统无关,是3D打印领域CAD系统与3D打印设备间进行数据交换的常用文件格式。

1) STL文件存储格式

　　STL文件由一系列的三角网络来近似表示CAD模型的数据文件,经过表面三角形化处理后所构成的新三维实体模型为原三维实体模型的一种几何近似。STL文件有二进制和文本两种格式,这两种格式的STL文件存储的信息基本相同,而二进制格式的STL文件仅为文本格式STL文件数据量的1/3,因此二进制的STL文件格式被广泛应用。

2) STL文件优点

　　① 可满足任意近似度的要求。对原CAD模型的近似度直接取决于离散化时三角形

的数目;输出 STL 文件时,可调整三角形数量,并可进行近似程度设置。

② 便于后续开发。由三角面片拼接起来的三维模型,可直接用于有限元分析。

③ 模型易于分割。

④ 模型易于修复。数据文件转换时,须对有缺陷的 CAD 或 STL 文件进行修复。

⑤ 已成为 3D 打印行业的数据转换标准。3D 打印设备均能接受 STL 文件,现有 CAD 系统、医学图像处理系统和逆向建模系统均设置有 STL 模块。

3) STL 文件的缺点

① 会出现裂缝、空洞、悬面、重叠面和交叉面等错误。由于三角网格之间存在空隙,会导致两个以上的三角形网格共用一边、两个三角形网格重合等现象。

② 模型的三角形数目越多,文件的数据量越大,对后续加工所用计算机的要求越高。随着三角形数目的增多,STL 文件所记载的顶点信息和法向矢量随之增加,文件数据量剧增,为原文件的多倍。

③ 包含过多冗余信息,占用过多的存储资源。由于这种记录方式没有考虑相邻三角面片的相关性,故需记录每一个三角形的顶点和法向矢量。一般情况下,某一顶点都是多个三角面片的公共顶点。

④ 影响模型的形状和尺寸精度。三维模型经过网格化处理,用近似的三角面片来表示平面和曲面,原光滑的曲面模型变为数学上不连续的多面体模型。

3.2.2 数据处理对样件表面质量影响

影响 3D 打印样件表面质量的因素主要有数据处理、成形工艺、设备精度等。本节主要介绍数据处理对样件表面质量的影响。

1) 数字模型近似误差

STL 格式的三维模型(图 3-1)用三角面片逼近三维曲面的实体模型,会造成曲面的近似误差。采用弦高更小的三角面片来近似曲面,可以减小近似误差,但数据量会急剧增加,造成数据处理时间加长。

图 3-1 STL 格式的三维数字模型 　　　　　图 3-2 分层切片

2) 分层切片误差

3D 打印方法沿某一方向进行平面"分层"离散化,然后通过 3D 打印设备对成形材料进行加工,最终堆积成样件,如图 3-2 所示。分层切片厚度直接影响样件表面质量。

3) 扫描路径误差

在扫描过程中,采用短线段拟合曲线,因此会产生扫描误差(图 3-3)。当误差超过允许范围时,可加入插补点使路径逼近曲线,减小扫描路径的近似误差。

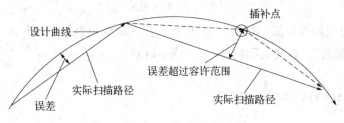

图 3-3　扫描路径

3.2.3　提高样件质量措施

数据前处理过程中,保证零件的表面质量是数据前处理的重要工作,主要有三个方面。
① 减小弦高,用更多的三角面片拟合模型(图 3-4)。

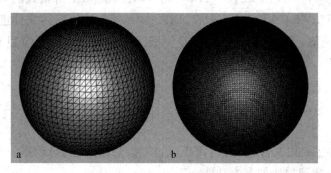

(a) 精度为0.1 mm　　　　(b) 精度为0.01 mm

图 3-4　不同精度的球体模型

如图 3-4a 所示的模型精度为 0.1 mm,如图 3-4b 所示的模型精度为 0.01 mm。通过增加三角面片的数量可以更好地拟合模型,提高零件的近似程度,但数据量亦会大大提高,如表 3-1 所示。

表 3-1　数据比较表

精度/mm	0.1	0.01
三角面片数量	4 970	49 506
点数量	14 910	148 815
文件大小/KB	243	2 418

② 减小分层厚度可减小切片误差(图3-5)。

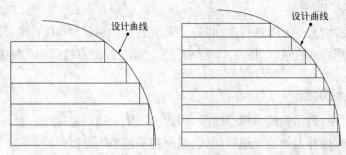

图3-5 台阶效应

通过减小分层厚度可减小切片误差,但样件生成时间也会相应延长。

③ 优化扫描路径,提高成形精度,减少成形时间。

3.2.4 常用3D打印数据处理软件

常用的3D打印数据处理软件以Magics软件最具代表性,本节主要介绍Magics软件。

3.3 Magics软件操作

Magics软件可将IGES、VDA、STEP 、VRML、DXF、3DS等格式的CAD文件进行转化,也可将CATIA V4、CATIA V5、UG NX、Pro/E等软件输出的文件进行转换,可输出到各种3D打印设备。该软件具有修复3D模型、分析零件、在STL模型上进行3D变更、创建特征、生成报告等功能。

3.3.1 Magics基本模块

Magics软件主要由文件输入、支撑生成、切片、二维绘图、自动摆放和网格划分等八个基本模块组成,主要模块的基本功能如下。

1) 文件输入模块(File Import)

文件输入模块主要包括CAD文件与点云文件的输入。CAD文件包括IGES、VDA、STEP等文件,以及UG NX、Pro/E、CATIA V4、CATIA V5等软件输出的文件,Magics软件可与多数CAD软件兼容,对输入的文件进行设计。点云文件输入是将扫描的点云数据直接输入Magics软件进行设计。

2) 支撑生成模块(Support Generation)

支撑生成模块主要用于SLA和金属烧结工艺,支撑的效果直接影响零件的表面质量。该模块可以生成多种支撑形式,以满足不同工艺和客户要求的需要。

3）体积支撑生成模块（Volume Support Generation）

原型零件从 3D 打印设备的工作台上取下时非常脆，体积支撑生成模块为易碎的零件提供了额外的保护，增强零件的稳定性，避免零件报废。

4）切片模块（Slice）

切片模块主要是对待加工的零件进行切片操作，并可在切片前进行预览、切层检查，然后传输到 3D 打印设备上。

5）自动摆放模块（Smart Space）

自动摆放模块依据零件的几何形状简单、快捷、自动对零件进行嵌套摆放，使加工平台上可摆放的零件最大化，节省加工时间。自动摆放可避免加工过程中立体摆放零件间产生干涉。

6）网格划分模块（Remesh）

网格划分模块是对网格重新划分，简便快速地将原来细长的三角面片转化成近似等边三角形，为 STL 模型优化和有限元分析作准备。三角面片的几何形状越接近等边三角形，有限元分析的结果越接近真实情况。三角面片的质量可手动设置调整。

3.3.2　Magics 主界面及操作

Magics 主界面如图 3-6 所示，本书主要介绍最常用的 STL 文件的修复功能。

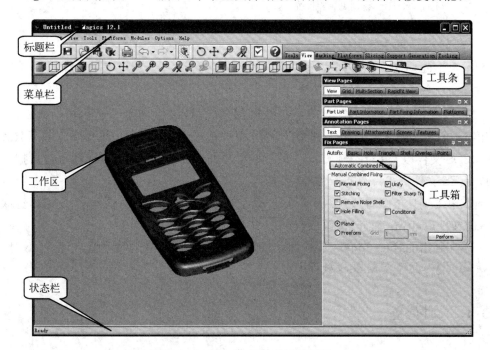

图 3-6　Magics 软件的基本界面

1) 菜单栏

菜单栏主要用于文件存取、命令调用、窗口切换以及参数设置等操作,包括 Magics 的大部分命令。

2) 工具条

在 Magics 软件中,工具条的使用较为频繁,因此工具条中的图标按钮直观、快捷。单击不同的标签可以调用不同的工具条。

3) 状态栏

状态栏显示程序及操作对象,位于工作区的下方。

4) 工作区

工作区是 Magics 软件的主要工作区域,显示图元和操作结果等。

5) 工具箱

工具箱可以放在固定的位置,也可浮动,一般位于工作区的四条边上。当工具箱拖到工作区中间后释放,则呈浮动状态,此时工具箱位置可自由放置。

Magics 软件中可通过单击相应命令进行操作,亦可用鼠标键来实现对模型的查看操作,使用方法如下。

旋转:右键。

平移:Shift+右键或者中键。

缩放:Ctrl+右键或者滚动中键滚轮。

3.3.3　文件导入

Magics 软件不仅可以接受 STL 文件和 MGX 文件(注:STL 文件的压缩格式,一般可压缩 10 至 20 倍,主要用于网络传输格式),也可导入 IGES、VDA、STEP、VRML、DXF、3DS 文件以及 CatiaV4、CatiaV5、UG NX、Pro/E 等软件输出文件和点云数据。下面以 IGES 文件格式为例进行导入。

① 单击工具条中的"导入部件"按钮 ,弹出"Import Part"对话框(图 3-7),选取需导入的文件后,单击"打开"按钮 打开(O) 。

② 在弹出的"Iges Import"对话框(图 3-8)中,输入所需的精度值,单击"OK"按钮 Ok ,文件即导入 Magics 软件中。

3.3.4　文件修复

在 CAD 文件转换成 STL 文件时会出现一些错误(孔洞、裂缝、坏边、干扰壳体、多重

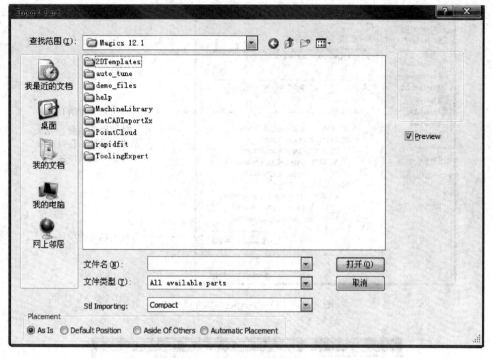

图 3-7 "Import Part(导入部件)"对话框

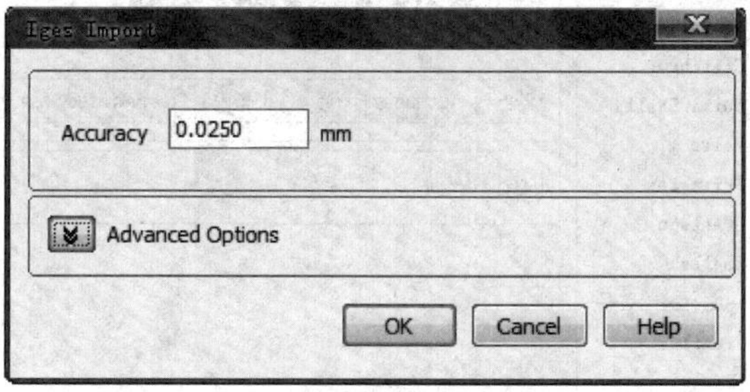

图 3-8 "Iges Import(Iges 导入)"对话框

邻边等),这些错误会妨碍 STL 文件后续分层切片操作的顺利进行,必须进行文件修复。修复方法如下。

1) 诊断

修复向导中的诊断可判断 STL 文件的错误,并建议下一步的操作。在"Tools"工具条中,单击"修复向导"图标按钮,弹出"Fix Wizard"对话框(图 3-9),单击左上边"诊断"按钮 Diagnostics ,切换至诊断模式,单击"更新"按钮 Update ,对文件进行诊断。

2) 自动修复

自动修复能解决文件中的大多数错误,实现一键修复。单击如图 3-10 所示对话框的左上"综合修复"按钮 Combined Fix ,切换至综合修复模式,单击"自动修复"按钮 Automatic Fixing ,对文件进行自动综合修复。

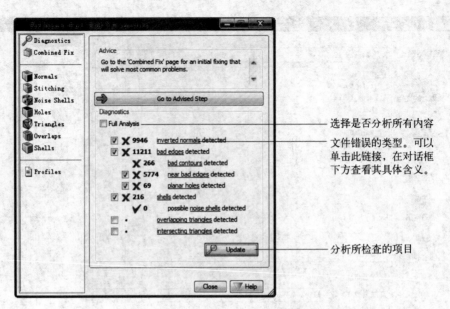

选择是否分析所有内容

文件错误的类型。可以单击此链接，在对话框下方查看其具体含义。

分析所检查的项目

图 3 - 9 "Diagnostics(诊断)"模块

图 3 - 10 "Combined Fixing(综合修复)"模块

3.4 Magics 软件操作实践案例

通过错误的"手机外壳"(图 3 - 11)案例使用 Magics 软件了解零件修复的操作过程。

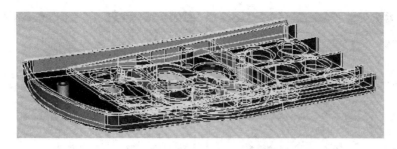

图 3-11　错误"手机外壳"案例的三维图

① 双击桌面图标 ，运行 Magics 软件，进入主界面（图 3-6）。单击工具条"导入项目"按钮 ，导入"手机外壳"的 STI 文件（图 3-12），在工作区中显示手机外壳，屏幕显示红色面为错误矢量方向，黄色线段为坏边。

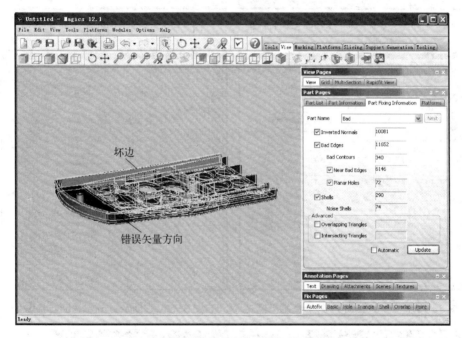

图 3-12　未修复的"手机外壳"文件

② 单击"Tools"工具条上"修复向导"按钮 ，弹出"Fix Wizard"对话框（图 3-13），对零件错误进行诊断和修复。

③ "Fix Wizard"对话框默认为"Diagnostics"状态，单击"更新"按钮 🔍 Update （图 3-14），诊断出该零件有 10 081 个反向向量、11 652 条坏边及 290 个壳体等错误。

④ 诊断后，单击"综合修复"按钮 🗐 Combined Fix ，切换到"Combined Fix"模式，如图 3-15 所示。

⑤ 在该模式下，单击"自动修复"按钮 🔧 Automatic Fixing 进行自动综合修复。综合修复后，再次对零件进行诊断，大部分的错误已经被修复，如图 3-16 所示。

注："√"表示错误已修复。

⑥ 再次诊断零件错误后，单击"壳体"按钮 🗐 Shells ，切换至"Shells"壳体修复模式，如图 3-17 所示。

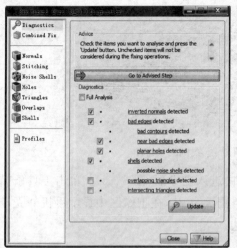

图 3-13 "Fix Wizard(修复向导)"对话框

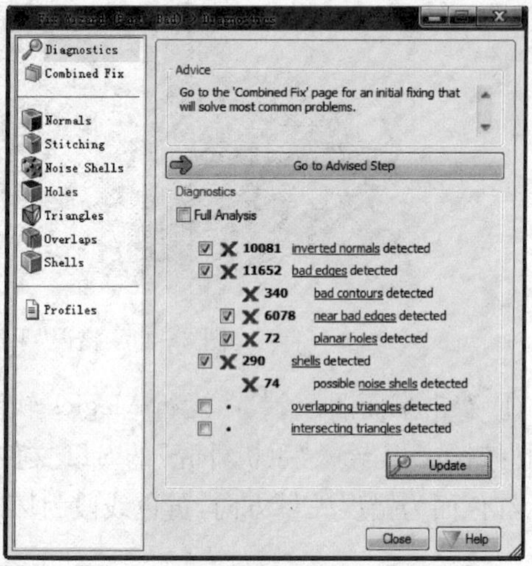

图 3-14 "Diagnostics(诊断)"状态

图 3-15 "Combined Fix(综合修复)"模式

图 3-16 "Diagnostics(诊断)"状态

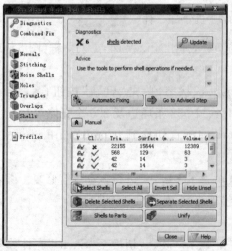

图 3-17 "Shells(壳体修复)"模式

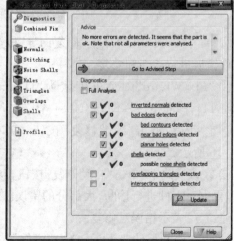

图 3-18 "Diagnostics(诊断)"状态

⑦ 在该模式下，单击"自动修复"按钮 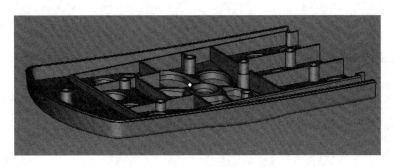 进行自动壳体修复。在自动壳体修复过程中，弹出"提示"对话框，单击"确定"按钮，完成修复。

⑧ 完成自动壳体修复后，再次对该零件进行诊断，此时全部错误已经被修复，如图 3-18 所示。

⑨ 如图 3-19 所示，完全修复好的零件显示为默认的灰色。单击菜单栏"保存部件"按钮 保存该文件。

图 3-19 "手机外壳"修复实践案例的结果

思考题

1. STL 文件有哪几种存储格式？它们各有什么优缺点？
2. 切片处理对成形精度和生产率有何影响？
3. 如何提高零件的加工精度？
4. STL 文件的常见错误类型有哪些？如何快速有效地修复文件？

第四章　光固化立体成形(SLA)实践

4.1　实践目的

① 了解光固化立体成形(SLA)3D 打印的基本原理。
② 熟悉 FORMLABS FORM1+3D 打印机的工作原理。
③ 掌握 FORMLABS FORM1+3D 打印机的操作方法。

4.2　光固化立体成形基本原理

SLA 是基于光敏树脂的光聚合原理工作的,激光器发出的紫外光使液体光敏树脂逐层固化。这种工艺不用喷头、刻刀,而是使用激光器。

4.2.1　光固化立体成形工艺

在计算机控制下,激光束按照零件的截面形状沿 X-Y 方向在工作台进行逐点扫描,形成零件的一个薄层(约 0.1 mm),未被扫描的树脂仍呈液态。当前层扫描完毕后,工作台沿 Z 方向上升一层高度,在固化的树脂表面上涂敷一层新的液态树脂,激光束按新层的截面信息在树脂上扫描,新层树脂固化并与前一层已固化的树脂上联接,如此反复,直到零件实体模型形成。SLA 的成形原理示意图如图 4-1 所示。

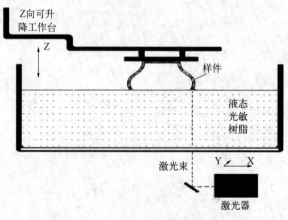

图 4-1　SLA 的成形原理示意图

4.2.2　成形材料

1) SLA 成形对材料的要求

SLA 所使用的材料为反应型的液态光敏树脂，在光化学反应作用下，从液态转变成固态。由于 SLA 成形工艺的独特性，对成形材料有一些特殊的要求。

（1）黏度低

成形中，低黏度的树脂利于树脂浸润、新层涂敷与流平，可以减小涂层时间，提高成形速度。

（2）固化速度快，光敏性好

SLA 成形一般采用紫外激光器，激光能量在几十到几百毫瓦间，激光扫描速度快，激光作用于树脂的时间极短，树脂应对该波段的光有较大的吸收和较快的响应速度。

（3）固化变形小

成形过程中的变形大小不仅直接影响样件尺寸精度，较大的固化变形还会导致零件的翘曲、变形、开裂等，致使成形过程无法进行。

（4）固化产物耐溶剂性好

成形过程中，固化产物浸润于液态树脂中，如固化物发生溶胀，样件会失去强度与精度。后处理中清洗时采用溶剂清洗，为减小对样件影响，固化物应具有良好的耐溶剂性。

（5）固化产物的机械强度高

精度和强度是 3D 打印的两个最重要指标，机械强度高可以满足制作功能件的要求。

（6）毒性低

成形材料单体与预聚物毒性低，可减小对操作人员的危害与对环境的污染。

2) 常用材料性能

SLA 中常用的树脂材料有美国的 DSM SOMOS、日本 Asahi Denka 公司的光敏树脂产品，常用光敏树脂材料的部分性能如表 4-1 所示。

表 4-1　常用光敏树脂的性能

产品 / 性能参数	SOMOS 11120	SOMOS 12120	SOMOS 14120
外观	透明	半透明樱桃红色	半透明樱桃红色
黏度(30℃)/cps	～260	～550	～550
密度(25℃)/(g/cm³)	～1.12	～1.15	～1.15
光敏区性质/nm	355	355	355
样件			

4.2.3 工艺特点

① 成形材料无气味、无污染,安全。

② 支撑剥离容易、迅速,有效地解决了复杂、小型孔洞中的支撑材料去除的问题。

③ 适用于形状精细、复杂、薄壁、中空的样件,成形的零件尺寸精度高,一般层厚可以达到±0.1 mm,甚至可达±0.025 mm或更高。样件的表面质量好,类似塑料质感。

④ 成形设备体积小,易维护,易操作。

4.3 FORMLABS FORM1＋3D 打印机

以 Form1＋3D 打印机为例,简要介绍其工作原理、结构、操作方法及其注意事项。

4.3.1 打印机工作原理

在开始加工时,Form1＋3D 打印机工作平台自动下降到距树脂槽底部一个层厚的距离,然后激光按照模型的截面对树脂槽底部光敏树脂沿 X－Y 方向在工作平台进行逐点扫描,形成一个薄层。扫面完一层后,工作平台上升一个截面的厚度,激光再次沿 X－Y 方向在工作平台进行逐点扫描,形成一个薄层。激光及平台反复这样运作,直至模型加工完成。

4.3.2 打印机主要性能参数

Form1＋3D 打印机的主要性能参数如表 4－2 所示。

表 4－2　Form1＋3D 打印机的主要性能参数

性　　能	参　　数
尺寸/mm	300×280×450
重量/kg	8
运行温度/℃	18～28
电源要求	100～240 V,1.5 A 50/60 Hz,60 W
激光参数	EN 60825－1：2007 certified Class 1 Laser Product 405 nm violet laser
构建尺寸/mm	1 250×1 250×1 650
最小特征尺寸/mm	0.3
层厚(轴分辨率)	0.025,0.05,0.1
系统要求	Windows XP(SP3)以上 Mac OSX 10.6.8 以上

4.3.3 打印机结构描述

Form1＋3D打印机结构描述如图4-2所示。

Form1＋3D打印机的Preform控制软件如图4-3所示。

4.3.4 打印机注意事项

① 保持工作平台清洁。

② 没有加工任务时禁止打开打印机的罩盖,防止光敏树脂长时间暴露在光线下。

③ 液态光敏树脂有一定毒性,添加材料或更换树脂槽需戴乳胶手套,避免皮肤直接接触。

④ 取出工作平台上的样件,清洗样件时需戴乳胶手套。

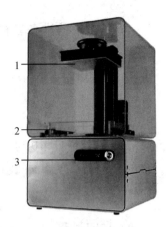

图4-2　Form1＋3D打印机
1. 打印平台;2. 材料树脂槽;
3. 显示屏按钮

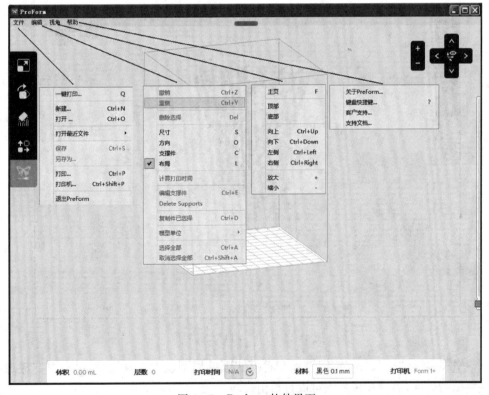

图4-3　Preform软件界面

4.4 SLA实践案例

通过"花篮"案例(图4-4)使用Form1＋3D打印机了解SLA工艺方法。

1) 开机前的准备工作

① 安装打印平台。

② 检查树脂槽内树脂量。

2) 开机操作

① 打开 3D 打印机电源,启动计算机。

② 双击桌面图标 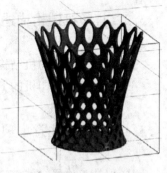 ,运行 Preform 软件,进入主界面。

图 4-4 "花篮"案例的
三维零件图

3) 打印过程

① 选择打印文件:单击菜单【文件】|〖打开〗,打开"花篮"的 STL 文件,如图 4-5 所示。

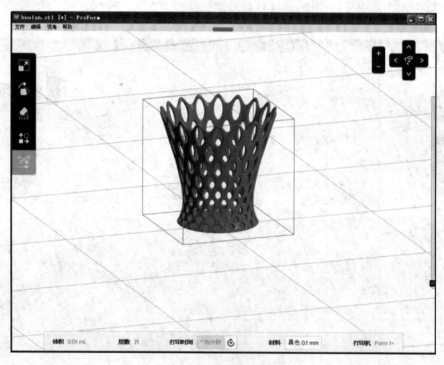

图 4-5 打开"花篮"文件界面

▋▋╋:单击"+""-"按钮进入查看模式下的模型放大以及缩小,单击方向键进行不同视图的转换,右键长按模型可进行自由旋转。

② 尺寸模式:单击主界面左侧工具条上 **▋** 按钮,设置模型尺寸参数(图 4-6)。

③ 摆放方向模式:单击主界面左侧工具条上 **▋** 按钮,设置模型对象旋转的参数(图 4-7)。

④ 支撑件生成模式:单击主界面左侧工具条上 **▋** 按钮,生成模型支撑,支撑全部为默认支撑,也可根据经验编辑支撑(图 4-8)。

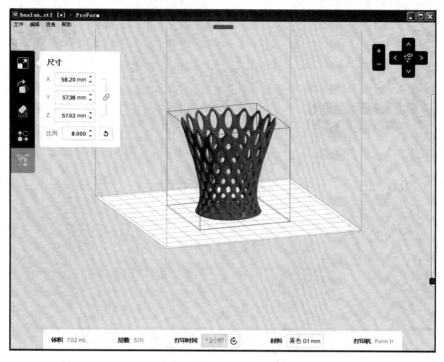

图 4-6　尺寸设置界面

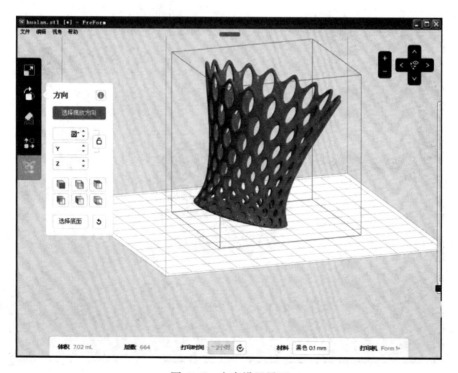

图 4-7　方向设置界面

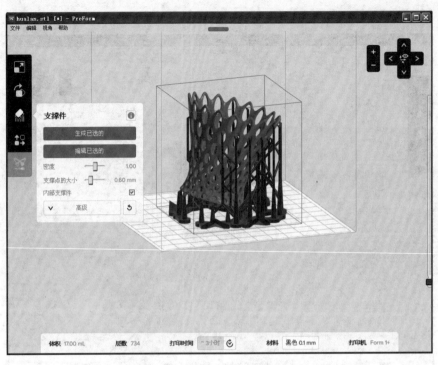

图 4 - 8　支撑设置界面

⑤ 布局设置：单击主界面左侧工具条上 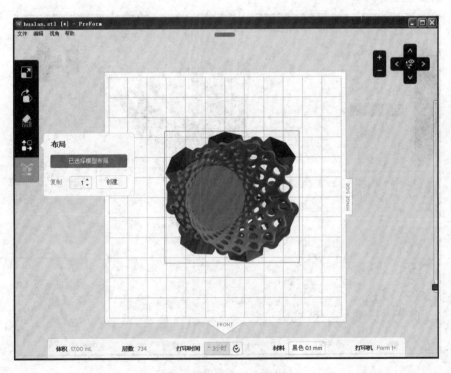 按钮，进行打印自动布局设置（图 4 - 9）。

图 4 - 9　布局设置界面

⑥ 准备打印：单击主界面左侧工具条上 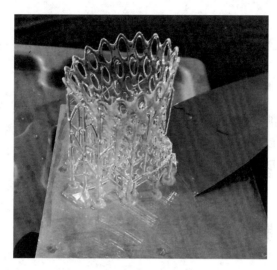 按钮，查看模型体积、层厚、时间、确认材料型号以及树脂槽发送至打印机。

⑦ 单击设备按钮，进行打印。

⑧ 移除模型：当模型完成打印时，打印机按钮会闪烁；从打印机上取下打印平台；佩戴专用手套使用铲刀取下模型，如图4-10所示。

图4-10　铲下"花篮"模型

⑨ 关机：退出 Preform 软件，关闭计算机，关闭打印机电源。

思考题

1. 简述 SLA 成形原理。
2. 在 SLA 成形过程中，为什么必须添加支撑结构？
3. FORMLABS FORM1＋3D 打印机由几个部分组成？
4. SLA 技术适用于成形哪些样件？

第五章　薄材叠层制造(LOM)实践

5.1　实践目的

① 了解薄材叠层制造(LOM)3D 打印的基本原理。
② 熟悉 SD300 3D 打印机的工作原理。
③ 学会 SD300 3D 打印机的操作方法。

5.2　薄材叠层制造基本原理

5.2.1　成形工艺

　　LOM 工艺是按照 CAD 分层模型直接从片材到三维零件,使用的材料是可黏结的带状薄层材料(涂覆纸、PVC 卷状薄膜等),采用的切割工具是激光束或刻刀等。LOM 的基本原理:在计算机控制下,切割工具按照零件各层截面轮廓线形状沿 X-Y 方向逐层切割带状材料,当一层切割完成后,工作台与已成形的工件一起沿 Z 方向下降一层高度,再将一层新的薄层材料移到加工区域,再按新一层的截面轮廓信息进行切割,新的薄层材料牢固地粘在前一层薄层材料上,如此反复,直至逐层堆积形成一个三维实体模型。非零件实体部分按照要求切割成网格,保留在原处,起支撑和固定作用,样件加工完毕后,将其剥离,进行打磨、抛光、喷涂、机加工等后处理。图 5-1 是 LOM 的成形原理。

5.2.2　成形材料

1) LOM 材料的种类
LOM 材料主要有 PVC 塑料片材、纸片材、金属片材、陶瓷片材以及复合片材等。

2) LOM 材料的要求
① 成形材料须有一定的柔性,便于可靠地送进。
② 成形材料厚薄须均匀,保证样件高度方向的精度。
③ 成形材料须有一定黏结性能、强度、刚度、可剥离性、防潮性能等。

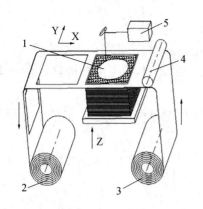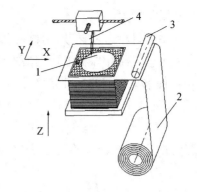

| | （a）激光切割成形原理 | （b）刻刀切割成形原理 |

(a) 激光切割成形原理　　　　　　　　　　(b) 刻刀切割成形原理
1. 样件；2. 收料；3. 供料；4. 热压辊；5. 激光器　　　1. 样件；2. 供料；3. 熨烫器；4. 刻刀

图 5-1　LOM 的成形原理示意图

3）常用材料的性能

以色列 Solido 公司的 PVC 是 LOM 中常用的片状材料，PVC 片材的性能参数如表5-1所示。

表 5-1　PVC 片材的性能参数

产品 性能参数	PVC 片材					
颜　色	红色	蓝色	琥珀色	白色	天蓝色	黑色
密度/(g/cm³)	1.29	1.29	1.29	1.30	1.29	1.29
层厚度/mm	0.168					
屈服拉伸应力/MPa	18.95	22.29	18.58	21.42	18.88	23.85
屈服拉伸应变/%	3.4	3.46	3.62	3.51	3.44	3.30
断裂拉伸应力/MPa	28.54	31.33	27.82	31.05	28.21	32.45
断裂伸长率/%	163.48	161.99	165.49	167.08	152.31	156.01
杨氏模量/MPa	748.04	759.34	729.57	808.93	787.59	1 018.0
弯曲模量/MPa	696.48	861.71	682.63	750.45	647.44	715.02
热变形温度/℃	58	59	57	59	60	59
表面硬度（肖氏）	92	92	94	94	92	93

5.2.3　工艺特点

LOM 工艺直接从片材到三维零件，是按照分层信息提供的截面轮廓线逐层切割的，无需对整个截面进行逐点扫描，成形速度快、效率高。成形过程中，成形材料自动建立支撑，成形前后的成形基体材料无相态变化，残余应力小，LOM 样件无明显变形，适合加工尺寸比较大的零件。但未经处理的 LOM 样件侧表面有明显的台阶效应，需要进行打磨、抛光、喷漆等后处理。

LOM 技术的主要特点：

① LOM 粘接材料为片材，所用材料存放时需防潮，样件需作防潮处理。

② LOM 工艺只需在片材上切割出零件截面的轮廓，而不需扫描整个截面，轮廓的切割精度决定样件水平面上的尺寸精度。

③ 成形过程中非零件实体部分的材料具有支撑作用，LOM 工艺中无须额外添加支撑。

④ 适合加工尺寸比较大的实心零件，不适宜制作复杂中空结构以及具有精细微小结构的零件。

⑤ 材料浪费较大。

5.3　SD300 3D 打印机

以 SD300 3D 打印机为例，简要介绍其工作原理、结构、操作方法及其注意事项。

5.3.1　打印机工作原理

SD300 3D 打印机的切割工具为刻刀，材料为 PVC 片材。成形时，首先由进料装置铺上一层 PVC 片材，并涂覆胶水（即"覆膜"动作），刻刀依据剖面轮廓进行切割，同时在非样件本体区域涂覆解胶水。进料机构再次覆膜新的 PVC 层，并重复切割、涂覆解胶水等步骤，层层叠加，直到加工完成。SD300 3D 打印机无收料装置，所有 PVC 层加工完毕后，将非本体材料剥除得到最终样件。

5.3.2　打印机主要性能参数

SD300 3D 打印机主要性能参数如表 5-2 所示。

表 5-2　SD300 3D 打印机主要性能参数

性　　能	参　　数
外形尺寸/mm	460×770×420
最大成型空间/mm	160×210×135
成形精度/mm	±0.25
层厚度/mm	0.168
成形材料	PVC 片材
切割速度	2~3 层/min
系统重量/kg	44
数据接口	STL 格式数据文件
输入方式	网络或 U 盘
电　源	220 V,50 Hz,15 A

5.3.3 打印机结构描述

SD300 3D 打印机结构描述如图5-2所示。

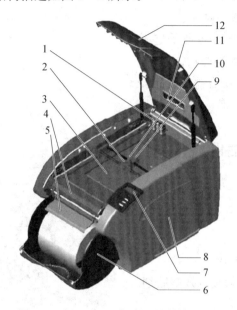

图 5-2 SD300 3D 打印机的结构原理图

1. 解胶笔；2. 位置指示头；3. 纸板；4. 熨烫器；5. 进料托盘；6. PVC 舱门；7. 操作面板；8. 胶粘剂舱门；9. 切边刀；10. 刻刀；11. 上盖加热器；12. 上盖板

SD300 3D 打印机的 SDview 控制软件如图5-3所示。

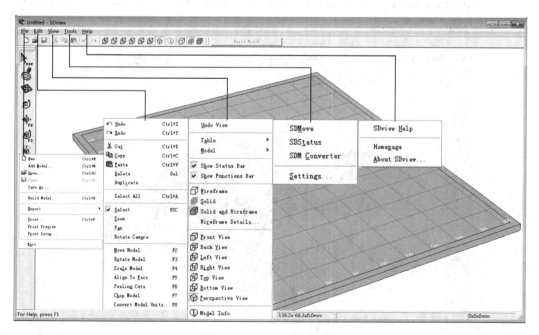

图 5-3 SDview 软件界面

5.3.4 打印机注意事项

① 保持工作区域干净、干燥、整洁。
② 禁止用电源线拉拽打印机。
③ 打印机工作时，打印机必须稳定固定。
④ 及时清除打印机内溢漏物。
⑤ 操作过程中，关闭所有盖板及面板。

5.4 LOM 实践案例

通过"话筒"案例（图 5-4）使用 SD300
3D 打印机熟悉和了解 LOM 工艺方法。

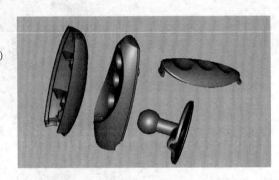

1) 开机前的准备工作

检查、补充 PVC 材料、胶水及解胶剂。

2) 开机操作

图 5-4 "话筒"案例的三维零件图

① 打开 3D 打印机电源，启动计算机。
② 双击桌面图标 ![icon]，运行 SDview 软件，进入主界面。
③ 单击菜单【文件】|〖打开〗，打开"话筒"的 STL 或 SDM 文件（SD300 3D 打印机的专有格式），如图 5-5 所示。

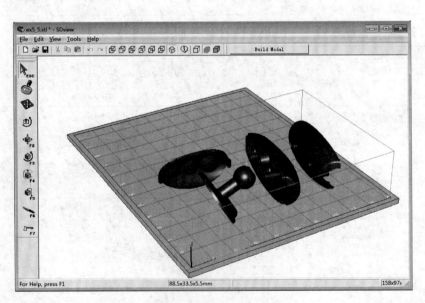

图 5-5 打开的 STL 文件

3) 图形预处理

① 对于结构复杂或尺寸较大的零件,单击工具条上"比例"按钮 ,进行比例调整。为便于加工,需将样件剖切,单击工具条上"剖切模型"按钮,如图5-6所示。

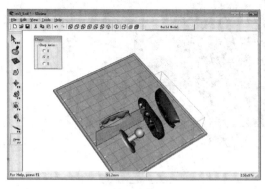

(a) 剖切中

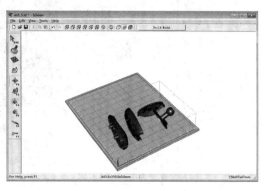

(b) 剖切完成

图5-6 对样件进行剖切

② 为节约材料,样件应尽可能靠近 X 轴摆放,单击工具条上"移动"按钮 和"旋转"按钮 对样件分别进行移动和旋转,单击"面对齐"按钮 调整工作底面,以选取理想的加工方位,调整后如图5-7所示。

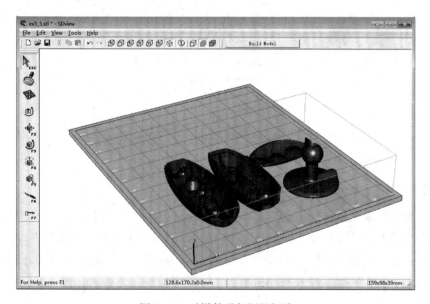

图5-7 对样件进行调整摆放

③ 为便于剥离废料,需要对样件周围进行区域划分,单击工具条上"剥离切割"按钮 进行区域划分,如图5-8所示。

4) 样件制作

① 单击"建模"按钮 Build Model ,弹出"样件制作"对话框(图5-9),单击"构建"按

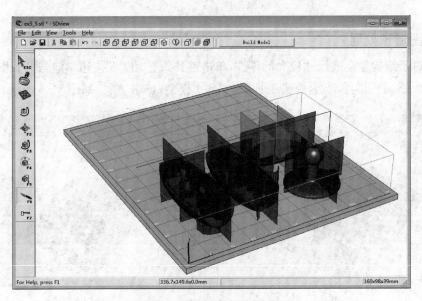

图 5-8　对样件进行区域划分

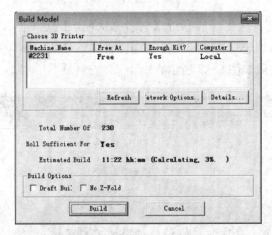

图 5-9　"样件制作"对话框

钮 `Build` ,发送文件至 SD300 3D 打印机,加工开始。

②　当操作面板上显示"MODEL COMPLETED. SELECT LIFT MODEL"信息时,打开上盖板,在操作面板上按下"MENU"按钮,当出现"MAIN MENU/LIFT MODEL"时,按下"OK"按钮,出现"LIFT MODEL/YES"信息,再次按"OK"按钮。(图 5-10a、b),等到样件升起后,提起磁垫后角从打印机平台上取出样件块和磁垫,如图 5-11a 所示。

(a)升起模型　　　　　　　　　　(b)确认

图 5-10　操作完成面板显示信息

5) 关机

退出 SDview 软件,关闭计算机,关闭打印机电源。

6) 样件的剥离

利用打印机提供的镊子进行剥离,向上沿着螺线剥层,沿逆时针方向运动,直至样件块底部,如图 5-11b 所示,完成后的零件如图 5-11c 所示。

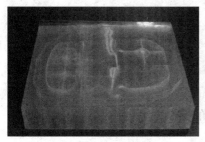 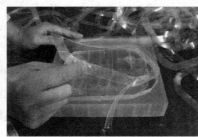 

(a) 剥离前　　　　　　　　　　(b) 剥离中　　　　　　　　(c) 剥离组装完成

图 5-11　样件的剥离过程

思考题

1. 什么是薄材叠层制造(LOM)?
2. 薄材叠层制造(LOM)具有哪些工艺特点?

第六章　熔融沉积成形(FDM)实践

6.1　实践目的

① 了解熔融沉积(FDM)3D 打印的基本原理。
② 熟悉 uPrint、MakerBot2 和 UPplus2 3D 打印机的工作原理。
③ 掌握 uPrint、MakerBot2 和 UPplus2 3D 打印机的操作方法。

6.2　熔融沉积成形基本原理

FDM 技术是对丝状材料进行熔融后由喷头逐层喷涂堆积成形的一种 3D 打印方法，这种工艺不用激光、刻刀，而是使用喷头。

6.2.1　成形工艺

在计算机控制下，支撑材料和成形材料经过加热装置加热熔融，在挤出喷头前至半熔融状态，支撑材料和成型材料分别输送至喷头上，喷头按照零件的截面轮廓和填充轨迹作 X - Y 平面方向的运动，将半熔融的材料逐层堆积到工作平台上已经成型的部分上，与前一个层面熔结在一起。当一层沉积完成后，工作台与已成形的工件一起按预定的增量下降一层的厚度（一般为 0.1~0.2 mm），再继续熔喷沉积另一层截面的形状，如此循环，最终形成一个完整的三维实体模型。在后处理中，首先将带支撑的三维实体模型置于超声波清洗仪中去除支撑，然后进行机加工、打磨、抛光、喷涂等，其成形原理如图 6-1 所示。

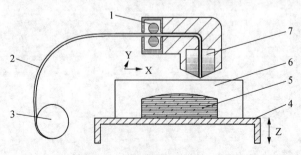

图 6-1　FDM 的成形原理示意图

1. 供丝机构；2. 丝材；3. 丝筒；4. 工作台；5. 支撑；6. 工件；7. 加热喷头

6.2.2　成形材料

FDM 的材料有成形材料和支撑材料。

1) FDM 成形材料

FDM 成形材料具有良好的成丝性、粘合性和强度,同时具有较小的熔体收缩性能。常用的成形材料有 ABS 和 PLA 两种,如表 6-1 所示。

表 6-1　常用 FDM 成形材料的性能

种类 性能参数	ABS plus	PLA
颜　色	牙白、红、蓝、橄榄绿、黑、暗灰、桃色、荧光黄	
抗拉强度/MPa	36	25
延伸率/%	4.0	4.0
弯曲应力/MPa	52	132
冲击实验(凹口)/(J/M)	96	20
热变形温度/℃	96	58
特　性	色彩多样	

2) FDM 支撑材料

FDM 支撑材料强度不能太高,且应与本体成形材料易于分离,具有成形后易于去除的特点。FDM 支撑材料有水溶性和剥离型两种。水溶性支撑材料可以通过碱性溶液水洗去除,存放时注意防潮。剥离性材料可以直接剥离去除。

6.2.3　工艺特点

① 成形材料无气味、无污染,安全,色彩鲜艳。
② 支撑剥离容易、迅速,有效地解决了复杂、小型孔洞中的支撑材料去除的问题。
③ 制件机械性能良好,适合制作中小型塑料功能件。
④ 成形设备体积小,易维护,易操作。

6.3　FDM 3D 打印机

以 uPrint、MakerBot2 和 UPplus2 的 3D 打印机为例,简要介绍其工作原理、结构、操作方法及其注意事项。

第六章　熔融沉积成形(FDM)实践

6.3.1　FDM 3D打印机工作原理

uPrint 3D 打印机有两个喷嘴,一个喷涂模型材料,另一个喷涂支撑材料。MakerBot2 3D打印机有两个喷头,UPlus2 3D打印机有一个喷头,均为喷涂模型材料,模型材料同时也起到支撑作用。丝材加热到材料熔点温度后,进行喷涂,首层喷涂到托盘上。喷头在 X－Y 平面上移动,喷出的材料由于热传导作用凝固,工作台在 Z 方向升降,喷涂完一层后下降一个层厚的高度,按照模型的截面轮廓依次沉积成形,直至样件加工完成。

6.3.2　FDM 3D打印机主要性能参数

uPrint 3D打印机、MakerBot2 3D打印机和 UPplus2 3D打印机的主要性能参数如表6-2所示。

表6-2　打印机的主要性能参数

设备名称 性能参数	uPrint 3D 打印机	MakerBot2 3D 打印机	UPplus2 3D 打印机
成形材料	ABS plus	ABS plus	ABS plus
成形规格/mm	203×152×152	246 × 163× 155	140×140×135
成形精度/mm	±0.127	±0.254	±0.254
成形层厚/mm	0.254	0.178/0.254	0.15~0.4
打印机尺寸/mm	635×660×787	490×320×380	245×260×350
打印机重量/kg	76(一个材料盘)	12.6	5
环境温度/℃	15~30	15~32	15~30
空气湿度/%	30~70	20~60	20~50
电　源	220~240 V,50/60 Hz,7 A (建议使用 10 A)	220~240 V,50/60 Hz,7 A (建议使用 10 A)	220~240 V,50/60 Hz,7 A (建议使用 10 A)
网络连接	以太网 TCP/IP 10/100M base-T	usb/sd 卡	usb

6.3.3　FDM 3D打印机结构描述

uPrint 3D 打印机结构如图 6-2a 所示,MakerBot2 3D打印机结构如图 6-2b 所示,UPplus2 3D 打印机如图 6-2c 所示。

3D打印机主要由运动机构、喷头机构、送丝机构等三部分组成。

1) 运动机构

打印机的运动机构主要包括 X、Y、Z 方向的运动,喷头在 X、Y 方向的运动由步进电机带动,通过同步带传动在各自方向上作往复运动。在成形过程中根据程序控制的走丝路径来决定喷头运动,工作台在 Z 轴上的运动由伺服电机带动丝杠传动作往复运动。

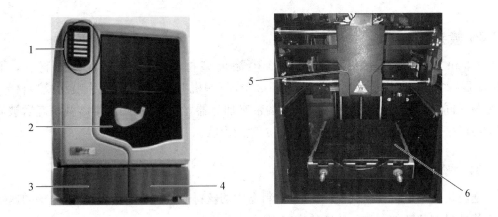

(a) uPrint 3D打印机

1. 显示面板与按钮；2. 成型工作间；3. 支撑材料盒；4. 模型材料盒；5. 打印机喷头喷嘴；6. 打印平台

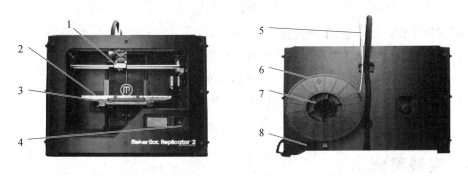

(b) MakerBot2 3D打印机

1. 喷嘴、喷头；2. 构建平板；3. 构建平台；4. LCD 显示屏和键盘；5. 进料导管；
6. MakerBot 材料；7. 卷轴支架；8. 电源开关

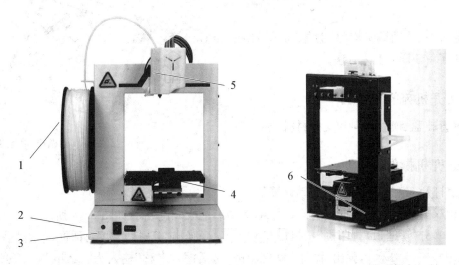

(c) UPplus2 3D打印机

1. 丝材；2. 信号灯；3. 初始化按钮；4. 打印平台；5. 喷嘴、喷头；6. 电源开关

图 6-2　FDM 3D打印机基本结构

2) 喷头机构

uPrint 3D打印机有两个喷嘴,一个喷涂模型材料,另一个喷涂支撑材料。而MakerBot2 3D打印机有两个喷头,UPplus2 3D打印机有一个喷头,均为喷涂模型材料,模型材料同时也起到支撑作用。喷头前端带有加热器,丝材被加热至半熔融状态后被后面的冷丝挤压出来,冷却后固化、堆积,形成截面形状。

3) 送丝机构

送丝机构由电机和控制模块构成,材料盒中的丝材通过电机向喷头送丝,送丝的速度和平稳性是避免断丝和喷头堵塞的主要因素。

6.3.4 打印机注意事项

① 保持工作区域干净、干燥、整洁。
② 禁止触摸打印机的打印平台内任何运动部件。
③ 操作过程中,关闭打印机舱门(针对 uPrint 3D 打印机)。
④ 清洗样件时需戴专用手套(针对 uPrint 3D 打印机)。

6.4 实践案例

6.4.1 uPrint 3D打印机实践案例

通过"马氏间歇机构"案例(图6-3)使用 uPrint 3D 打印机了解 FDM 工艺方法。

1) 开机前的准备工作

检查托盘、模型材料和支撑材料。

图6-3 "马氏间歇机构"案例的三维零件图

2) 开机操作

① 打开 3D 打印机电源,启动计算机。
② 双击桌面图标 ▉,运行 CatalystEX 软件,进入主界面,如图6-4所示。
③ 单击"管理3D打印机"按钮 管理3D打印机...,弹出"3D打印机"对话框,单击"手动添加"按钮 手动添加(M)...,弹出"添加3D打印机"对话框,"名称"输入为"uPrint","IP地址"为:"192.168.1.10"(打印机的IP地址),"类型"选择为"uPrint"(图6-5a),单击"添加打印机"按钮 添加打印机,打印机添加完成,单击"关闭"按钮 关闭(C),如图6-5b所示。

图 6-4　CatalystEX 软件界面

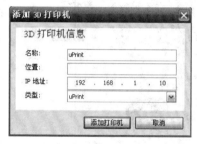

(a) 3D打印机信息

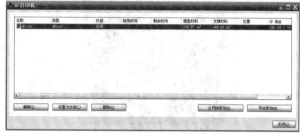

(b) "3D打印机"对话框

图 6-5　添加 3D 打印机

④ 单击菜单【文件】|〖打开〗，打开"马氏间歇机构"的 STL 文件（图 6-6），开机操作完成，可进行加工零件的预处理工作。

图 6-6　打开 STL 文件界面

3）图形预处理

① 默认"常规"选项,设置属性:选择"层厚"为"0.254 0","模型内部"为"疏松-高密度","支撑填充"为"半实心","份数"为"1","STL 单位"为"毫米","STL 比例"为"1.000"。

② 单击"方向"选项,单击"自动定向"按钮,对模型进行位置摆放(定向以支撑材料最少为原则),如图 6-7a 所示。为保证样件结构的合理性,自动定向后需进行手工调整,选择"定向选定表面"为"底",然后单击三维模型的底面,模型摆放完毕,如图 6-7b 所示。

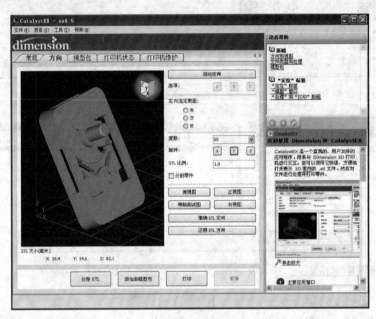

(a) 自动定向

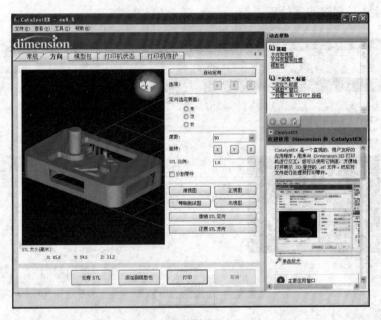

(b) 模型摆放完毕

图 6-7 对模型进行位置摆放

③ 单击"处理 STL"按钮 处理STL 进行文件处理,分层界面和支撑如图 6-8 所示。

图 6-8 处理后的 STL 文件

④ 单击"添加到模型包"按钮 添加到模型包 ,调入 CMB 文件,然后单击"模型包"选项,模型在托盘上的摆放位置如图 6-9 所示。

图 6-9 "模型包"选项界面

4) 模型制作

① 单击"打印"按钮 打印 ,输出三维模型打印指令,打印机显示面板上显示"空闲"和文件名,引导打印机喷头准备开始制作。

② 打印机下层显示区显示"启动模型",按下左侧按钮,打印机开始工作,面板显示"正在制作校准",喷头移动并进行定位,随后显示"正在升温",喷头逐渐升温,当显示"M：297°,S：297°,E：77°"时,喷头开始喷涂制作,此时面板上显示"正在制作"。

③ 单击"打印机状态"选项,显示制作过程的即时信息,如图 6-10 所示。

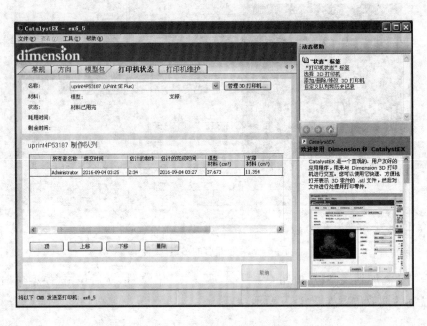

图 6-10　打印机状态信息

④ 加工完毕后,打印机的显示面板上显示"已完成"和"移除零件并更换托盘",打开舱门,佩戴专用手套取出托盘和样件模型,插入新的托盘,关闭舱门。

⑤ 关闭舱门后,显示面板显示"是否移除了零件?",按下"是"按钮(在按下"是"按钮前,必须确保已取出模型)。

⑥ 手工剥离样件或使用铲刀从托盘上铲离样件。

5) 关机

退出 CatalystEX 软件,关闭计算机,关闭打印机电源。

6) 后处理

① 去除支撑材料：佩戴安全护目镜和专用手套去除溶解性支撑,或将带支撑的样件放入装有氢氧化钠碱性饱和溶液的超声波清洗仪内溶解支撑材料(图 6-11)。

② 根据需要对零件进行钻孔、攻丝、加工、抛光、上漆或镀铬等后处理。

6.4.2　MakerBot2 3D 打印机实践案例

通过"水瓶"案例(图 6-12)使用 UPplus2 3D 打印机了解 FDM 工艺方法。

图 6-11 "马氏间歇机构"案例的实物图

图 6-12 "水瓶"案例的三维零件图

1）开机前的准备工作

① 检查模型材料,确保打印机准备就绪。

② 清理成形工作间、托盘。

2）开机操作

① 打开 3D 打印机电源,启动计算机。

② 双击桌面图标 ,运行 MakerWare 软件,进入主界面,如图 6-13 所示。

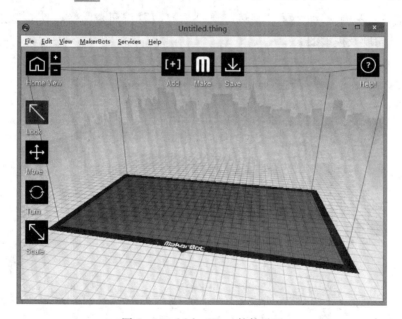

图 6-13 MakerWare 软件界面

③ 调整构建平台

单击 MakerBot2 3D 打印机设备右下方操作面板上 键,选择"Level Build Plate"选项（图 6-14）,打印喷头会移动到第 1 个校准点,通过调整平台底部 3 个螺母的松紧来达到合适的位置,单击 键。设备将进行 6 个校准点的定位。

图 6-14 Level Build Plate 选项

④ 单击 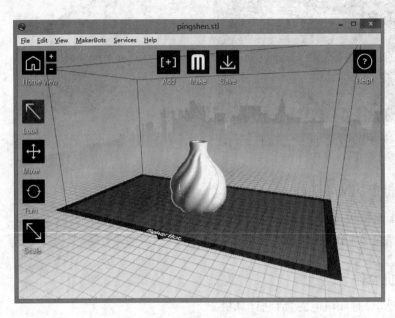 按钮，打开"水瓶"的 STL 文件，如图 6-15 所示。

图 6-15　打开 STL 文件界面

通过主界面左侧"移动" ⊕、"旋转" ◎、"缩放" ↘ 按钮来调整模型在构建平台上的位置、摆放的角度及模型的大小。

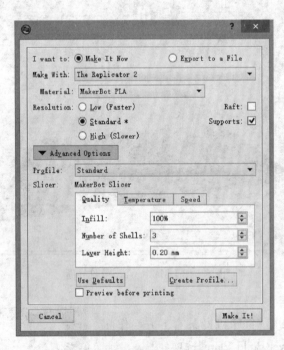

图 6-16　"打印参数设置"对话框

⑤ 单击 ▥ 按钮，弹出"打印参数设置"对话框，设置相应选项及参数（图 6-16）。

⑥ 设置完成后单击"Make It!"按钮 Make It! ，设备开始运行加工。

3) 移除模型

① 当模型完成打印时，打印机会发出蜂鸣声，喷头停止加热。

② 从打印机构建平台上取下工作面板。

③ 佩戴专用手套使用铲刀取下模型。

4) 关机

退出 MakerWare 软件，关闭计算机，关闭 3D 打印机电源。

6.4.3 UPplus2 3D 打印机实践案例

通过"树蛙"案例（图 6 - 17）使用 UPplus2 3D 打印机了解 FDM 工艺方法。

1) 开机前的准备工作

① 检查模型材料，确保打印机准备就绪。

② 在 3D 打印机上安装打印平台。

图 6 - 17 "树蛙"案例的三维零件图

2) 开机操作

① 打开 3D 打印机电源，启动计算机。

② 双击桌面图标 ▦，运行 up 软件，进入主界面，如图 6 - 18 所示。

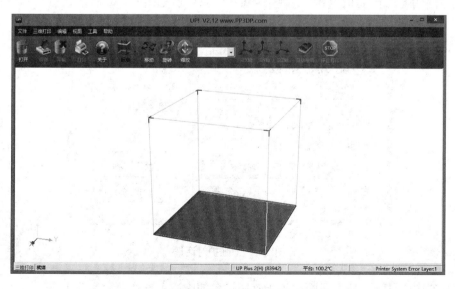

图 6 - 18 up 软件界面

3) 打印过程

① 初始化设备。单击菜单【三维打印】|【初始化】，使设备处于零位状态，如图6-19所示。

② 校准喷头高度。为了确保打印的模型与打印平台黏结正常，防止喷头与打印平台碰撞对设备造成损害，需要在打印开始之前校准设置喷头高度。该高度以喷头距离打印平台0.2 mm为佳。

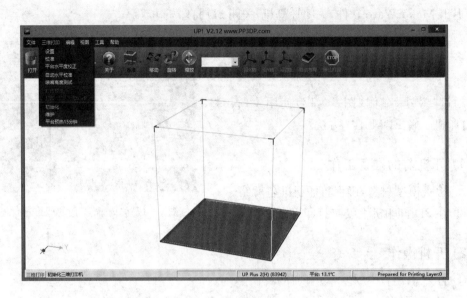

图6-19 初始化设备

单击菜单【三维打印】|【维护】，弹出"维护"对话框，如图6-20所示。

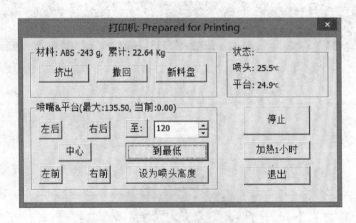

图6-20 维护对话框

单击"中心"按钮，使设备喷头位于打印平台的中心上方。

在文本框内输入数值"120"，输入数值必须小于最大数值。单击"至"按钮使打印平台上升至120 mm的高度，如图6-21所示。

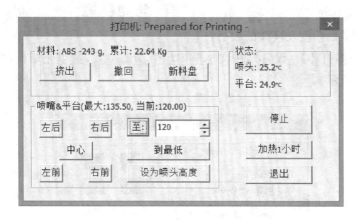

图 6 - 21　设置喷头高度

检查喷头和打印平台之间的距离。上升后发现喷头距离打印平台较远，可以进行微调。在原来输入的数值基础上增加你所要上升的高度直至喷头距离打印平台 0.2 mm（约一层纸的厚度）。

当打印平台和喷头之间的距离在 0.2 mm内，单击"设为喷头高度"按钮（图 6 - 22），这个数值将被系统自动记录，加工时打印平台会自动上升至这个高度，然后单击"到最低"按钮打印平台移至最低值。

③ 单击菜单【文件】|〖打开〗，打开"树蛙"的 STL 文件或单击  图标，打开"树蛙"文件，如图 6 - 23 所示。

图 6 - 22　检测高度

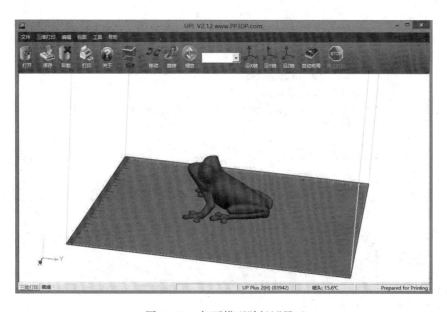

图 6 - 23　打开模型"树蛙"界面

通过主界面上方工具条上 、 、 、 、 、 按钮来调整模型在打印平台上的位置、摆放的角度及模型的大小。

④ 单击【三维打印】|〖设置〗，在文本框内填上加工参数，及填充结构，单击"确定"按钮，如图 6-24 所示。

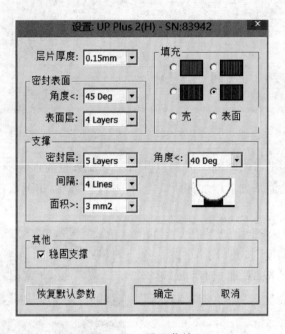

图 6-24　设置菜单

⑤ 单击【三维打印】|〖打印〗或者单击 图标，弹出"打印"对话框，单击"确定"按钮，如图 6-25 所示。

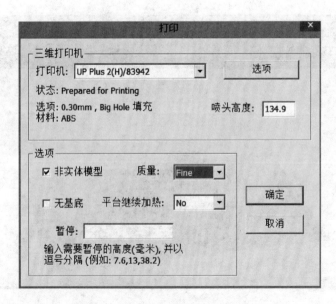

图 6-25　打印菜单

设备根据所设定的参数对模型进行数据处理,处理结束后弹出模型材料用量,及加工所需时间(图6-26),单击"确定"按钮,设备喷头及打印平台自动开始加温,温度达到后,设备开始打印模型。

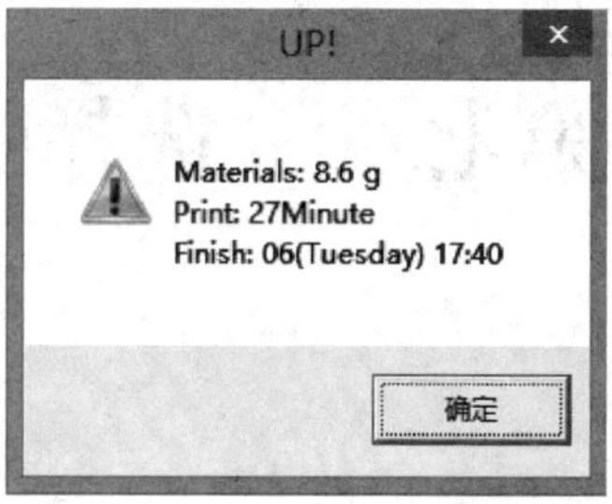

图6-26 打印模型信息

4) 移除模型

① 当模型完成打印时,打印机会发出蜂鸣声,喷嘴和打印平台会停止加热。

② 从打印机上撤下打印平台。

③ 用铲刀将模型撬松,取下模型。切记在撬模型时要佩戴手套以防烫伤及铲伤,如图6-27所示。

5) 关机

退出 up 软件,关闭计算机,关闭 3D 打印机电源。

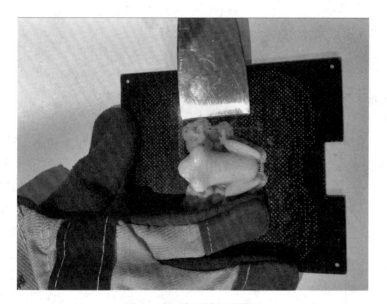

图6-27 取下"树蛙"模型

思考题

1. 简述 FDM 的基本原理。

2. 试述 FDM 的工艺特点与操作注意事项。

3. 在 FDM 成形过程中,为什么必须加支撑结构?

4. FDM 技术适用于成形哪些样件?

第七章　选择性激光烧结(SLS)实践

7.1　实践目的

① 了解选择性激光烧结(SLS)3D打印的基本原理。
② 熟悉 HRPS-Ⅲ 3D打印机的工作原理。
③ 掌握 HRPS-Ⅲ 3D打印机的操作方法。

7.2　选择性激光烧结成形基本原理

7.2.1　成形工艺

SLS工艺是利用粉末状材料成形的。首先设定预热温度、激光功率、扫描速度、扫描路径、单层厚度等工艺条件,在工作台上用辊筒铺一层粉末材料,预热至一定温度后,由CO_2激光器发出的激光束按照各层横截面信息沿 X-Y 方向在所铺的薄层粉末上有选择地进行逐点扫描(即逐点熔融烧结),未被烧结的粉末保持松散状态,作为成形件和下一层粉末的支撑,形成样件的一个薄层(约0.1 mm)。当一层截面烧结完成后,工作台下降一层高度,再进行下一层铺粉的烧结,新一层和前一层粉末烧结在一起,如此反复,直至制造完毕一个样件实体模型,如图7-1所示。在后处理过程中,除去未被烧结的粉末,经渗树脂、打磨、抛光、喷涂等后处理,得到所需制备的样件。

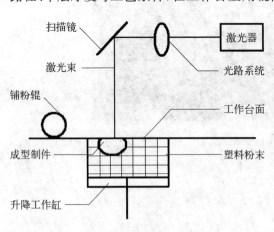

图7-1　SLS的成形原理示意图

SLS工艺过程主要包括三个步骤:前处理、粉层烧结成形、后处理。

1) 前处理

前处理阶段主要是将所要制备样件的 STL 文件(满足用户要求的精度)导入 SLS 系统。

2）粉层烧结成形

① 开机前准备：将粉末材料注满粉缸，以避免在加工过程中出现断料情况。

② 机器预热：将系统预热1~2 h，使系统成形室中的温度达到稳定状态。

③ 工艺参数设置：在机器预热过程中，根据材料的特性和加工条件调整各项工艺参数。一般设定的工作温度使工作台面粉末温度稍低于材料的软化温度或熔融温度，此参数可减小样件中的热应力和翘曲变形，从而提高烧结质量。

3）后处理

成形完成后，样件随系统自然冷却，从工作台上将样件从粉末材料中取出，去除未烧结的粉末，然后根据要求进行增强处理，再对表面进行打磨、抛光、喷漆或镀铬等处理，得到所需的样件。

7.2.2 工艺参数

预热是SLS工艺的一个重要的环节。在预热过程中，工艺参数的设置直接影响样件的黏结强度、表面质量等。预热温度均匀，可减小烧结成形时工件内部热应力，减小翘曲、变形和开裂，提高成形精度。工艺参数主要包括激光功率、扫描速度、扫描间距以及单层厚度等。

1）激光功率

随激光功率增加，能量随着增大，粉末颗粒的融化程度增加，烧结强度提高。温度降低，材料固化收缩，同时会导致样件翘曲变形。

2）扫描速度

扫描速度过快，扫描区域有效能量密度减小，造成烧结不足；扫描速度减小，成形效率降低。

3）扫描间距

扫描间距为两条激光扫描线之间的距离。扫描间距减小，激光束间的重叠部分增大，扫描区域有效能量密度增加。扫描间距增大，成形效率提高。

4）单层厚度

单层厚度增加，各层有效能量密度减小，粘接程度减弱，样件强度降低，成形效率提高。

7.2.3 成形材料

SLS成形工艺与其他成形工艺所使用的成形材料相比，SLS所使用的成形材料种类较多，有高分子材料粉末、金属粉末、陶瓷粉末、石英砂粉及其复合材料均可用作烧结材料，如

表 7-1 所示。

表 7-1　SLS 成形材料 HB1 的部分性能

产品 性能参数	HB1
热变形温度/℃	93~118
温度使用范围/℃	−4~100
吸水率	0.2%~0.45%
成形收缩率	0.3%~0.8%
烧结前应干燥(80~85℃)	2~4 h
热稳定性	好

7.2.4　工艺特点

① 原材料选择范围广泛。

② 无需支撑：成形过程中，未烧结的粉末对烧结部分起支撑作用，而 SLA 和 FDM 则需要生成支撑结构。

③ 材料利用率高：未烧结的粉末除起支撑功能外，还可重复使用，材料浪费较少。

④ 应用范围广泛：由于成形材料的多样化，根据使用的要求，可以选用不同的成形材料制作不同用途的样件，如塑料功能件、金属件、蜡模、砂型、砂芯等。

⑤ 成形速度快：SLS 工艺不需要制造支撑，大大减少了成形时间。

7.3　HRPS-Ⅲ 3D 打印机

以 HRPS-Ⅲ 3D 打印机为例，简要介绍其工作原理、结构、操作方法及其注意事项。

7.3.1　系统工作原理

HRPS-Ⅲ 3D 打印机首先进行预热，预热均衡后，在工作台上用辊筒铺一层粉末材料，然后，CO_2 或 YAG 激光束在计算机的控制下，按照截面轮廓的信息，对粉末进行扫描，扫描烧结区域的粉末温度升至融化点，粉末相互黏结，形成该层轮廓。一层成形完成后，工作台下降一个截面层的高度，再进行下一层的铺粉烧结，如此循环，最终形成三维工件。

7.3.2　系统主要性能参数

HRPS-Ⅲ 3D 打印机的主要性能参数如表 7-2 所示。

性　能	指　标
最大成型空间/mm	400(长)×400(宽)×500(高)
成形精度	±0.25 mm/200 mm
激光器	CO_2
激光器输出功率/W	50
控制软件	PowerRP
扫描方式	振镜式动态聚焦
主机外形尺寸/mm	1 270×1 080×1 850
扫描速度/(mm/s)	4 000(最大)
文件格式	STL
系统总重量/kg	700
重复定位精度/mm	±0.02
成形材料	高分子复合材料 HB1
环境要求	温度25℃,湿度≤60%
冷却方式	恒温循环水冷
电　源	380 V/30 A,50 HZ

7.3.3　系统结构描述

HRPS－Ⅲ 3D打印机如图7－2所示。HRPS－Ⅲ 3D打印机主要由控制系统、机械系统、激光器及光学系统、冷却系统四部分组成。

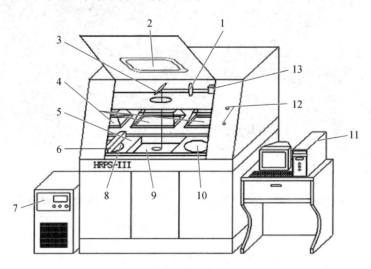

图 7－2　HRPS－Ⅲ系统结构原理图

1. 光路系统;2. 工作视窗;3. 扫描镜;4. 加热罩;5. 工作台;6. 铺粉辊;7. 水冷却器;8. 左粉缸;
9. 工作缸;10. 右粉缸;11. 计算机;12. 开关机按钮;13. 激光器

1) 控制系统

控制系统由工业控制计算机、控制模块、电机驱动单元、传感器组成,配备 PowerRP 软件用于三维图形数据处理、加工过程的实时模拟及控制。

2) 机械系统

机械系统由五个基本单元组成:工作缸、左右粉缸、铺粉辊装置、聚焦扫描单元、加热装置。

3) 激光器及光学系统

SLS 系统主要采用 CO_2 激光器,激光器为粉末烧结提供能源,适用于高分子材料和金属粉末材料的烧结。

4) 冷却系统

冷却系统由可调恒温的水冷却器及外管路组成,用于冷却激光器,以提高激光能量稳定性,保护激光器。

HRPS-Ⅲ 3D 打印机的 PowerRP 控制软件如图 7-3 所示。

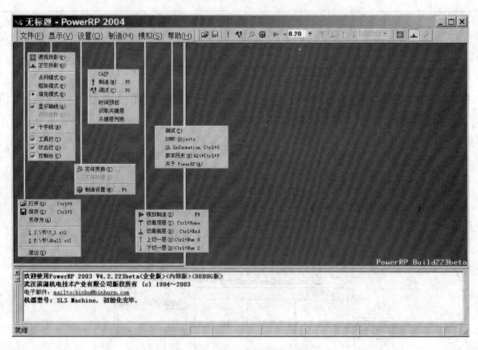

图 7-3 PowerRP 软件界面

7.3.4 系统注意事项

① 对环境要求:室内安装通风、排烟口设施,以保持工作室清洁干燥。在潮湿气候或

在潮湿环境中使用,须采取去湿措施(建议安装空调、抽湿机等)。

② 对操作人员要求:调试准备工作完毕后,进入正常工作状态,需关闭机器门窗(盖),且在加工过程中不得随意开启。

③ 定期检查:检查各种开关、旋钮及接线插头;检查冷却器工作情况、水箱水量、管道及接头(注:冷水机必须加入蒸馏水或纯净水);各种元器件应保持清洁。

④ 每次加工完毕后,须及时用吸尘器清除工作缸、铺粉辊里面及其周围的粉尘、清洁保护镜,盖上保护罩。

7.4 SLS 实践案例

通过"汽车发动机缸盖"(图7-4)案例使用 HRPS-Ⅲ 3D 打印机了解 SLS 制造样件的工艺过程和制件方法。

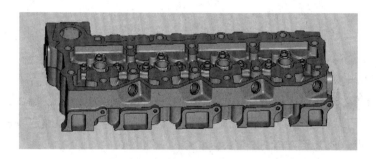

图7-4　"汽车发动机缸盖"实践案例的三维零件图

1) 开机前准备

① 检查 X、Y、Z 轴及丝杆润滑状况。

② 检查光学镜片是否清洁,若已污染,用镊子夹取酒精的脱脂棉轻轻擦拭镜片。

③ 检查并补充激光冷却器水箱中的冷却水。

2) 开机操作

① 接通打印机电源:按"开机"按钮启动 3D 打印机,绿色指示灯亮(图7-2)。

② 启动计算机:待水冷却器温度恒定在室温(25℃)以下时,双击桌面图标 ![icon],运行 PowerRP 软件,进入主界面(图7-3)。

3) 设备预热

① 单击菜单【制造】|〖调试〗(图7-5),弹出"SLS 调试面板"对话框,单击"箭头"按钮 ▲、▼ 调整工作缸上升和左、右粉缸下降至合适位置,调整好后在左右粉缸中装填 HB1 粉末材料并插实;单击"箭头"按钮 ◄、► 控制铺粉辊的左右移动,铺匀工作台面上的粉末材料。

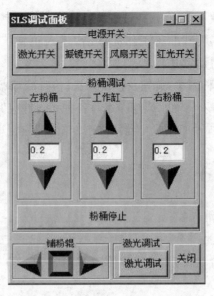

图 7-5 "SLS 调试面板"对话框

② 手动调整系统的中间加热罩至工作缸正上方,取下系统内顶部中间的振镜盖,关上系统前门;在"SLS 调试面板"对话框中,单击开启"激光开关"按钮 激光开关、"振镜开关"按钮 振镜开关、"红光开关"按钮 红光开关,单击"关闭"按钮 关闭"SLS 调试面板"对话框。

③ 单击菜单【设置】|〖制造设置〗,弹出"制造设置"对话框,单击"温度设置"选项,按照如图 7-6 所示设置加热温度(推荐预热 1 h),设置完成后,单击"确定"按钮 确定,工作温度达到设定值并稳定后,进行下一步。

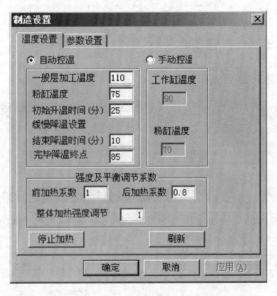

图 7-6 "制造设置"对话框的"温度设置"选项

4) 图形预处理

单击菜单【文件】|〖打开〗,打开"汽车发动机缸盖"的 STL 文件。

5) 样件制作

① 单击菜单【设置】|〖制造设置〗,弹出"制造设置"对话框,单击"参数设置"选项,按照如图7-7所示设置样件制作参数:扫描速度,扫描延时,铺粉延时,烧结间距,单层厚度,激光功率,光斑补偿,X、Y、Z方向修正系数,左、右粉缸和工作缸温度,扫描方式等。设置完成后,单击"确定"按钮 确定 。

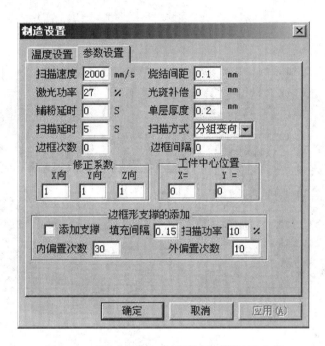

图7-7 "制造设置"对话框的"参数设置"选项

② 单击菜单【模拟】|〖模拟制造〗,进行样件的模拟制造。

③ 单击菜单【制造】|〖识取关键层〗,弹出"SLS关键层提取"对话框(图7-8),关键层提取完毕后弹出结果对话框(图7-9),单击"确定"按钮 确定 接受其默认设置。

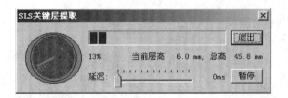

图7-8 "SLS关键层提取"对话框

④ 单击菜单【制造】|〖制造〗,弹出"SLS制造"对话框(图7-10),设置起始高度(一般不改变初始值),选中"制造完毕关强电"项。单击"连续制造"按钮 连续制造 开始全自动制造,样件成形完毕,系统自动停止,单击"关闭"按钮 关闭 ,并单击"确定"按钮 确定 。关闭系统强电,关闭计算机,如图7-11所示。

序号	高度	加工温度	加热强度	支撑高度	高温层数	降温强度	变区面积
1	0.0	110	2000	0	2	850	0
2	2.0	110	2000	0	2	850	196
3	6.0	110	2000	0	2	850	389
4	6.2	110	2000	0	2	850	157
5	6.4	110	2000	0	2	850	126
6	6.8	110	2000	0	2	850	113

关键层加工默认参数设置

加工温度 110　加热强度 2000　降温强度 850　变区面积界 250

确认　刷新　重设默认值　清理关键层　取消

图 7-9　关键层提取结果对话框

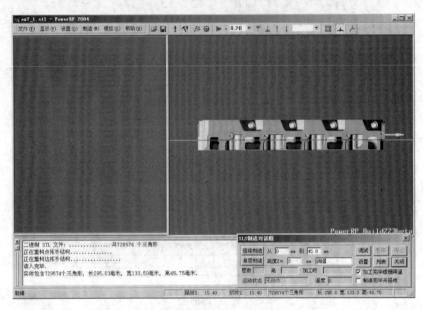

图 7-10　"SLS 制造"对话框

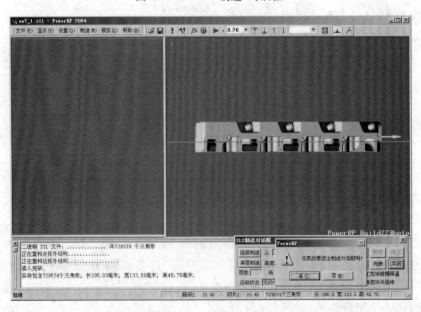

图 7-11　"关闭"对话框

3D 打印与快速模具实践教程

6) 系统暂停和继续加工

全自动制造过程中,在"SLS 制造"对话框中,单击"暂停"按钮 ![暂停]，系统在当前层加工结束后暂时停止。再按"暂停"按钮 ![暂停]，重新开始制造,如图 7 - 12 所示。

图 7 - 12 "SLS 制造"对话框"暂停"状态

7) 关机

在"SLS 调试面板"对话框,单击"箭头"按钮 ![箭头] 使两边的粉缸上升,取出剩余材料后,关闭系统前门和强电,然后单击"关闭"按钮 ![关闭] 关闭"SLS 调试面板"对话框,单击软件窗口右上角"关闭"按钮 ![X] 或菜单【文件】|〖退出〗,退出 PowerRP 软件,关闭计算机。

8) 样件后处理

① 样件完全冷却后,升起工作缸,取出样件。

② 去除废料与浮粉,然后进行渗树脂、渗蜡、打磨等。

③ 根据材料与用途进行相应后处理,如图 7 - 13 所示。

图 7 - 13 "汽车发动机缸盖"实践案例的实物图

9) 设备清理

① 清除工作缸、工作台面与加热辊上粉尘、杂物。

② 清洁保护镜。先用吸耳球吹去保护镜上浮尘后,用含丙酮的脱脂棉轻轻擦净镜片。

思考题

1. 简述 SLS 基本原理。
2. 简述 SLS 与其他 3D 打印工艺相比有哪些工艺特点。
3. 成形前,为什么要进行预热?
4. 激光强度、扫描速度等参数设置如何影响选择性激光烧结技术的工艺精度?

第八章　立体打印(3DP)实践

8.1　实践目的

① 了解立体打印(3DP)的基本原理。
② 熟悉 Z Printer 450 3D 打印机的工作原理。
③ 学会 Z Printer 450 3D 打印机的操作方法。

8.2　立体打印基本原理

8.2.1　成形工艺

3DP 与喷墨打印机工作方法类似,采用喷墨打印原理,将液态墨水由打印头喷出,输出真实的物体样件,成形材料为粉末和黏结剂。3DP 工艺与 SLS 工艺类似,均是采用粉末(如陶瓷、金属和塑料等粉末)材料成形,所不同的是粉末材料是通过喷头用黏结剂将零件的截面"印刷"在粉末材料上面。

3DP 成形的基本原理:首先在工作台上用辊筒铺一层粉末材料,在计算机控制下,喷头按照各层横截面信息沿 X‐Y 方向在所铺的薄层粉末上有选择地进行逐点喷射黏结剂,未被黏结的粉末保持松散状态,并在成形过程中起支撑作用,形成零件的一个薄层(约 0.1 mm)。当一层截面黏结完成后,成形活塞下降一个距离(约 0.089~0.102 mm),供粉活塞上升一定高度供应新粉末,由铺粉辊推到成形缸上铺平、压实,再按下一层截面的成形数据喷射黏结剂,新层和前层粉末黏结在一起,层层粉末不断地铺平、扫描、黏结,如此周而复始,直至逐层堆积完毕形成零件实体,其成形原理如图 8‐1 所示。

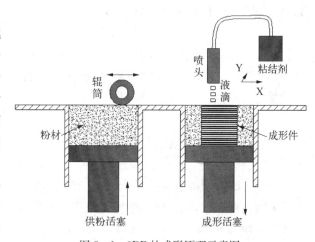

图 8‐1　3DP 的成形原理示意图

样件加工完毕后,将样件表面的多余粉末去除,然后将渗透剂浸入样件,再进行打磨、抛光、喷涂等后处理。

8.2.2　成形材料

3DP 材料主要包括粉末材料、黏结剂以及后处理材料。对粉末材料的要求:颗粒小、均匀、无明显团聚、流动性好、能铺成薄层;在溶液喷射冲击时不产生凹陷、溅散与孔洞;在黏结剂作用下很快固化。粉末材料主要有尼龙、塑料、玉米、陶瓷、蜡、金属、石膏等粉末材料。对黏结剂的要求:易于分散、稳定、能长期储存、对喷头的材料无腐蚀作用、黏度足够低、表面张力高,能按设计的流量从喷头挤出;不易堵塞喷头。成形材料保证无毒,无污染。适用于 Z450 3D 打印机的粉材有 ZP130、ZP150 高性能复合材料,与之相匹配的胶水溶液有 zb59(ZP130)、zb63(ZP150)。

8.2.3　工艺特点

SLA、SLS、LOM 等 3D 打印设备均是以激光为能源,而 3DP 打印机是采用较廉价的打印头。3DP 的主要特点:

① 材料可重复利用,无需添加支撑结构。

② 材料价格低,使用无气味、无污染,但材料存放须防潮,样件需作防潮处理。

③ 材料广泛,可以使用尼龙、塑料粉、玉米、陶瓷、蜡、金属、石膏、淀粉等各种粉末材料及其复合材料。

④ 样件尺寸精度有待提高。

⑤ 用黏结剂黏结的样件强度较低,需后处理增强。

⑥ 适用于熔模铸造行业,可直接制造模壳。

8.3　ZPrinter 450 3D 打印机

以 ZPrinter 450 3D 打印机(简称 Z450 3D 打印机)为例(图 8 - 2),简要介绍一般 3DP 打印机的原理、结构、操作方法及其注意事项。

8.3.1　打印机工作原理

Z450 3D 打印机由电控喷头喷出的黏结剂将铺有粉末的各层固化,以创建三维实体原型。Z450 3D 打印机的喷头在 X - Y 平面运动,喷头在粉末层表面有选择地施加黏结剂,每粘完一层,工作台在喷涂

图 8 - 2　Z450 打印机示意图

完一层后下降一个层厚的高度(0.089～0.102 mm)后重新铺粉,按照样件的截面轮廓依次喷洒黏结成形,最终得到凝固的样件。Z450 3D打印机的工作原理如图8-3所示。

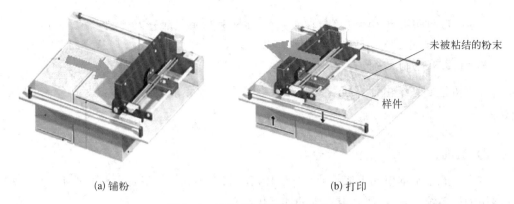

(a) 铺粉   (b) 打印

图8-3　Z450 3D打印机的工作原理

8.3.2　打印机主要性能参数

Z450 3D打印机的主要性能参数如表8-1所示。

表8-1　Z450 3D打印机主要性能参数

性能指标 ＼ 设备类型	Z450
成形规格/(mm×mm×mm)	203×254×203
层厚/mm	0.089～0.102
打印速度/(层/min)	2～4
自动化运行	是
喷头类型	HP
彩色打印	是
打印头数量	2(HP11/HP57)
喷孔数量	604
分辨率/dpi	300×450
机身尺寸/(mm×mm×mm)	1 220×790×1 400
机身重量/kg	193
文件接收格式	STL、VRML、PLY、3DS、ZPR、ZPR2
材料选项	ZP130、ZP150
电源功率	230 V,6.2 A
网络连接	TCP/IP 100/10 base T
工作站兼容性	Windows 2000 Professional,Windows XP Professional

8.3.3 打印机结构描述

Z450 3D打印机主要由计算机控制系统、主机和喷头三部分组成,如图8-4所示。

1) 计算机控制系统

计算机控制系统由计算机、控制模块、电机驱动单元、传感器组成,配备 ZPrint 控制软件。

2) 主机

主机由五个基本单元组成:可升降工作缸、粉缸、铺粉辊装置、加热装置和粉末抽取/去除压缩机系统装置,主要完成系统的加工传动功能。

3) 喷头

喷头为电控喷头,按照计算机发出的指令在粉末层表面有选择地喷洒胶水。

图8-4 Z450 3D打印机结构图

1. 工作室;2. 顶盖;3. 胶水盒;4. 碎片过滤装置;5. 加热通风孔;6. 真空软管;7. 支撑架;8. 停止处;9. 工作台;10. 喷头服务站;11. 导轨;12. LCD 面板;13. 菜单显示;14. 控制按钮;15. 多余粉末清除窗;16. 压缩空气枪;17. 工具盒;18. 处理室;19. 手臂操作通道

Z450 3D打印机的 ZPrint 控制软件主界面如图8-5所示。

8.3.4 打印机注意事项

① 设备需保持供电待机状态,长时间关机需取出胶水。

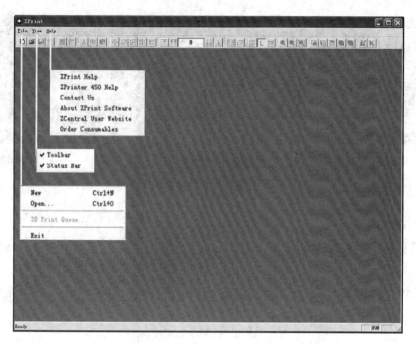

图 8-5 ZPrint 软件的主界面

② 供电电压/电流必须稳定。

③ 打印机所使用的胶水和渗透剂要避免阳光照射。

④ 清除样件表面粉尘和对样件渗透处理时应佩带口罩和手套,以避免粉末和渗透剂对皮肤造成的过敏反应或眼部的不适反应。

⑤ 对设备进行保养,需按照所显示信息(图 8-6a)对慢轴、快轴加油保养,升降丝杠需要加油保养,废液垫需更换,清洗液需添加。

⑥ 设备维护要注意以下两点:

a) 废液吸附垫更换:在长时间使用后或当废液吸附垫上的废液较多时,需更换废液吸附垫,如图 8-6b 所示。

(a) 设备提示信息　　　　　　　　(b) 废液吸附垫的更换

图 8-6　保养与维护

b) 快、慢轴和丝杠的维护保养:在 Z450 3D 打印机使用一段时间或长时间不使用以后,需给设备的快、慢轴和丝杠添加润滑油进行例行保养,如图 8-7 所示。

(a) 快轴加润滑油　　　　　　(b) 慢轴加润滑油　　　　　　(c) 丝杠润滑

图 8-7　快、慢轴和丝杠的维护保养

8.4　3DP 实践案例

通过"发动机引擎"(图 8-8)案例使用 Z450 3D 打印机了解 3DP 制造样件的工艺过程和制件方法。

1) 开机前的准备工作

在准备打印前,先检查成形粉末、黏结剂和打印头等,确保打印机准备就绪。

2) 开机操作与数据准备

① 打开 3D 打印机电源,启动计算机。

② 按下 Z450 打印机后面启动按钮,启动打印机,处于"**ONLINE**"状态(图 8-9)。

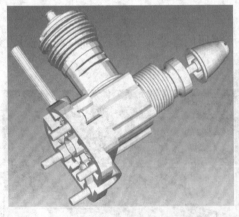

图 8-8　"发动机引擎"实践案例的三维零件图　　　图 8-9　Z450 打印机的"**ONLINE**"状态

③ 双击桌面图标 ，运行 ZPrinter 软件,进入主界面,如图 8-5 所示。

④ 单击菜单【File】|〖Open〗或单击"打开"按钮 ，弹出"打开"文件对话框,选择"发动机引擎"三维文件并打开,弹出"Choose Units"对话框(图 8-10),选择样件单位为毫米(Millimeters),单击"下一步"按钮 Next 。

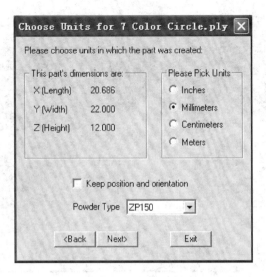

图 8-10　"Choose Units"对话框

此时，ZPrinter 软件调入"发动机引擎"三维文件，如图 8-11 所示。

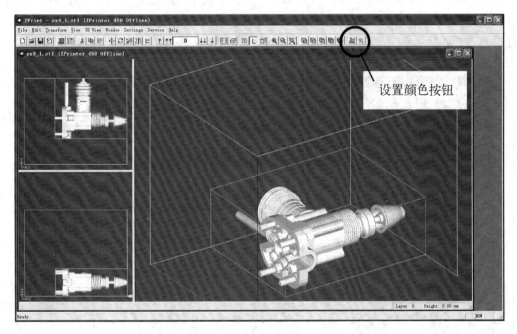

图 8-11　调入"发动机引擎"样件界面

⑤ 设置样件色彩。案例为彩色样件，若调入样件为单一颜色，需进行颜色设置。方法如下：

a）用鼠标选择样件，屏幕出现黄色框，表示已选中样件模型，灰色 图标变为 图标，如图 8-11 所示。

b）单击"Start Edite（开始编辑）" 图标，进入"ZEdit 样件颜色编辑处理"对话框，如图 8-12 所示。

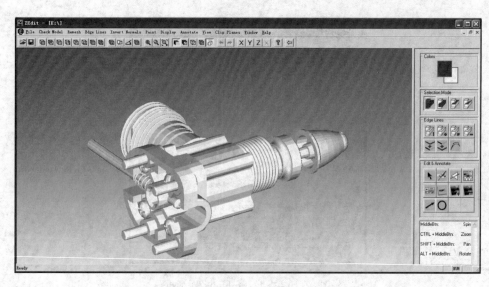

图 8-12 "ZEdit 样件颜色编辑处理"对话框

c) 样件位置确定。通过缩小或放大［鼠标的中间键（滚轮）向前或向后滚动］、旋转（按住中间键移动鼠标）、移动（Shift＋鼠标中间键）等使样件处于一个合适的观察位置，以便进行颜色编辑处理。调整后的效果如图 8-13 所示。

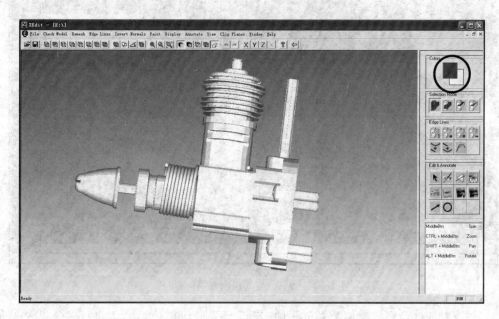

图 8-13 "发动机引擎"样件

d) 样件颜色编辑处理。

ⓐ 单击"Color"框中的 ■ 图标（图 8-13），弹出"颜色"选择框（图 8-14a），在"颜色"选择框中进行颜色选择，选择 ■ 颜色后，单击"确定"按钮 确定 ，"Color"选择框中的 ■ 图标变为 ■ 图标。

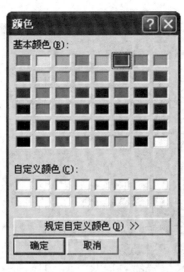

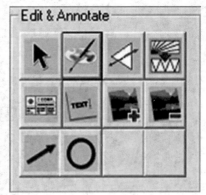

(a) "颜色"选择框   (b) 颜色编辑框

图 8-14 样件颜色编辑

ⓑ 单击"Selection Mode"选择框中的"Surface" ▦ 图标（图 8-13）后，单击"Edit & Annotate"选择框中的"Paint" ✎ 图标（图 8-14b），进入样件表面颜色编辑状态。

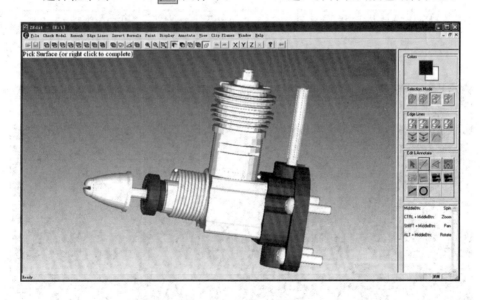

图 8-15 颜色编辑窗口

ⓒ 将鼠标放在模型对应部位，选择需要添加的颜色，单击鼠标左键，使该部位颜色变为红色（图 8-15），再单击鼠标右键，结束该部位颜色的编辑。

重复ⓐ、ⓑ、ⓒ步骤，完成所有颜色编辑（图 8-16）。

单击菜单栏（图 8-17）"Return to ZPrint" ⬅ 图标，弹出"ZEdit"对话框，选择"是"按钮 ⌷是(Y)⌷，返回 ZPrint 软件中模型打印准备状态，颜色编辑后的样件界面如图 8-18 所示。

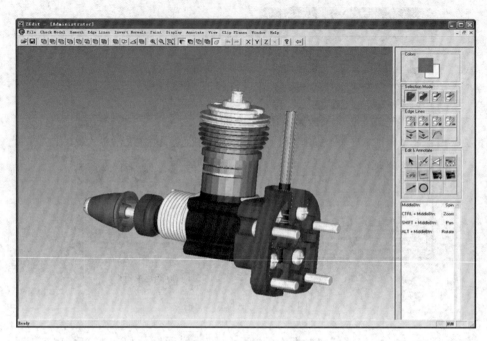

图 8-16　颜色编辑结束

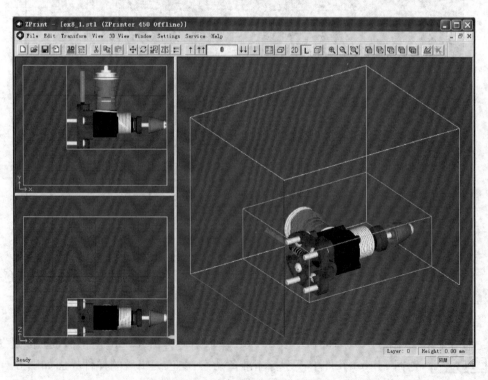

图 8-17　编辑状态下的菜单图标栏

图 8-18　彩色编辑后的样件界面

⑥ Z450 3D打印机参数设置。Z450 3D打印机内部参数设置可按照使用习惯确定。Z450 3D打印机的参数设置如下：

a）单击菜单【Settings】|〖General Preferences〗，弹出"Preferences"对话框（图8-19），单击"General（综合）"选项，选择"Units（单位）"为"millimeter（毫米）"和"Celsius（摄氏温度）"，单击"确定"按钮 确定 。

b）单击菜单【Settings】|〖Printer Types Settings〗，弹出"Default Printer Type"对话框，在圆框和方框中勾选"ZPrinter? 450"选项，单击"关闭"按钮 Close ，完成 Z450 3D打印机类型选择。

c）单击菜单【Settings】|〖Printer Settings〗，弹出"Default Printer Settings"对话框（图8-20），单击"Select Printer"按钮 Select Printer ，弹出"Select 3D Printer"对话框，勾选"Network（网络）"选项，然后单击"Find"按钮 Find ，弹出"Network Printer"对话框（图8-21），选择打印机型号：3DP45110665，然后单击"OK"按钮 OK ，返回到"Default Printer Settings"对话框（图8-20），单击"Cancel"按钮 Cancel ，完成 Z450 3D打印机的机型选定工作。

图8-19 "Preferences（参数选择）"对话框

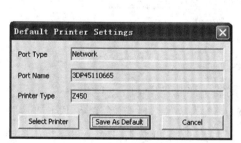

图8-20 "Default Printer Settings
（缺省打印设置）"对话框

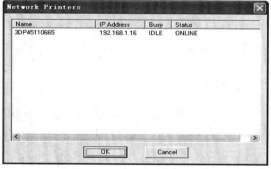

图8-21 "Network Printer
（网络打印机）"对话框

d）单击菜单【Settings】|〖Powder Settings〗，弹出"Powder Settings"对话框，选择 Z450 3D打印机使用的粉末类型：ZP130，单击"Close"按钮 Close ，关闭"Powder Settings"对话框。一般使用打印机默认粉末（适合 Z450 3D打印机的粉末类型有 ZP130、ZP150，默认为 ZP130）。

e) 单击菜单【File】|〖3D Print Setup〗或 ▦ 图标，弹出"3D Print Setup"对话框（图 8-22），单击"Select Printer（选择打印机）"按钮 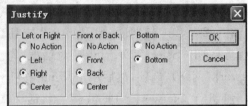，弹出"Select 3D Printer"对话框，勾选"Network"选项，然后单击"Find"按钮 Find ，弹出"Network Printer"对话框（图 8-21），选择对应的打印机型号：3DP45110665，然后单击"OK"按钮 OK ，返回到"3D Print Setup"对话框（图 8-22），单击"OK"按钮 OK ，完成 Z450 3D 打印机（TCP/IP 网络联机方法）的联机工作。

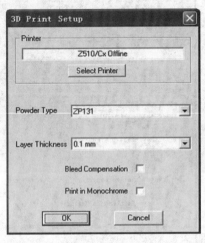

图 8-22 "3D Print Setup(3D 打印机　　图 8-23 调整样件理想的加工位置
　　　　　设置)"对话框

f) 单击菜单【Transform】|〖Translate〗或 ✥ 图标，按鼠标左键不放，拖动样件平移至合适位置；单击菜单【Transform】|〖Rotate〗或 ↻ 图标，对样件进行旋转；单击菜单【Transform】|〖Scale〗或图标 ，对样件进行缩放；单击菜单【Transform】|〖Mirror〗或 图标，对样件进行镜向；单击菜单【Transform】|〖Justify〗或 图标，弹出"Justify"对话框（图 8-23），确定样件加工位置。单击"OK"按钮 OK 结束。单击菜单【File】|〖Save〗或〖Save As〗，保存文件作为打印对象（图 8-24）。

3) 样件制作

① 单击菜单【Files】|〖3D Print〗或 3D 图标，弹出"Printing Options"对话框（图 8-25），进行分层选择样件打印，打印机默认状态为全部打印。单击"OK"按钮 OK 后，弹出"Printer Status"对话框（图 8-26），出现打印喷头（Print Heads）、粉材（Powder）等打印机详细状态信息。单击"Details"按钮 Details... ，查看详细信息报告。

对如图 8-26 所示的"Print Job Options"选项中的四个子选项分别说明。

a) Print in Monochrome：单色打印。

b) Preheat Build：预热处理（当气温较低时选择，ZP130 粉要求温度在 38℃）。

c) Delay Start Time：延迟打印启动时间。

d) Empty Build Piston after Printing：打印结束后自动清空工作室样件中的多余粉末（零件厚度薄且复杂时不选，大约 80% 的去粉效果）。

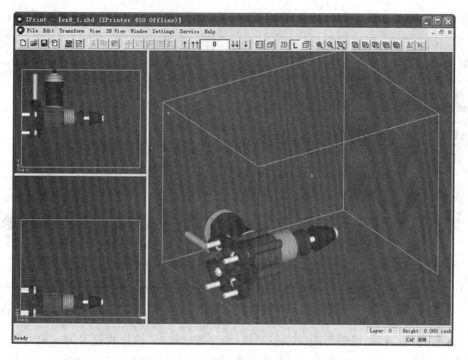

图 8-24　用于打印的样件

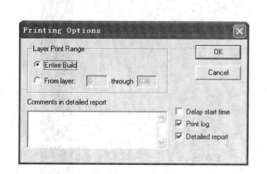

图 8-25　"Printing Options(打印机选项)"对话框

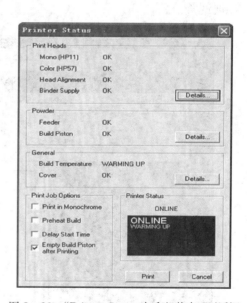

图 8-26　"Printer Status(打印机状态)"对话框

打印机状态设置完成后(图 8-25)，单击"OK"按钮 OK ，弹出"快慢轴润滑"提示对话框(图 8-27)，按照图 8-6 和图 8-7 所示给打印机的快、慢轴和丝杠添加润滑油例行保养。单击"确定"按钮 确定 ，弹出"Maintenance"对话框(图 8-28)，单击"关闭"按钮 Close ，弹出"维护保养完成"对话

图 8-27　"快慢轴润滑"提示对话框

框,单击"是"按钮 是(Y) ,弹出"Printer Status"对话框(图8-26),查看相关信息。

打印机全部显示"OK"信息后,单击"Print"按钮 Print 后,弹出"Initiate Build"对话框(图8-29)。

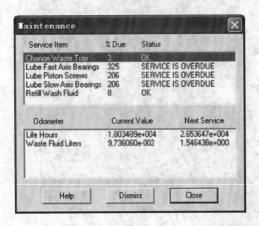

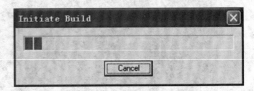

图8-28 "Maintenance(机器维护状态)"对话框　　　图8-29 "Initiate Build(初始化制造)"对话框

在此过程中,打印机进行铺粉准备工作(如果粉已铺好,按压旋钮取消铺粉动作)。铺粉结束后打印机进入打印过程,弹出"打印进行中"信息窗(图8-30),显示打印开始时间、结束时间等信息。

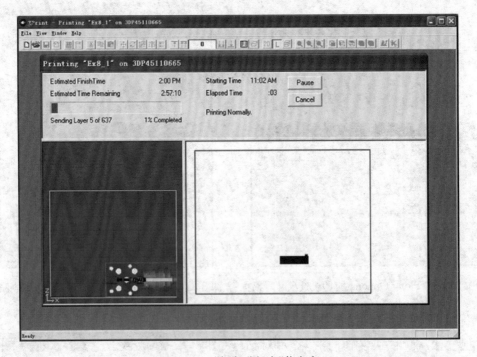

图8-30 "打印进行中"信息窗

② 制作完毕后(100% Completed),打印机显示"样件制作完成"信息窗(图8-31)。

随后,Z450 3D打印机自动清空溢粉舱(EMPTYING OVERFLOW)、过滤器以及软管中的粉尘,回收后返回至储粉罐。结束后,单击"OK"按钮 OK ,软件返回至打印前的状态;与此同时,Z450 3D打印机进入恒温(38℃)烘焙阶段,LCD屏幕显示:"DRYING 和 89 min",干燥时间一般为 90 min,以保证样件中的胶水与粉末充分结合。

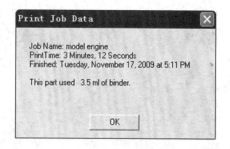

图 8-31 "样件制作完成"信息窗

4) 自动去粉

勾选"Printer Status"对话框(图 8-26)的"Print Job Options(打印作业选项)"选项中

,Z450 3D打印机自动进入恒温(38℃)烘焙阶段,结束后,打印机进入自动除粉处理功能程序,如图 8-32 所示。打印机有一套真空自动清粉吸尘和振动的系统,自动清除 80% 的未成形粉末并回收到如图 8-32 所示的粉末罐中。如果不选择 项,自动去粉不执行。

(a) 自动去粉   (b) 抬升零件以便取出   (c) 抬升零件以便取出

图 8-32 打印机自动清除多余粉末

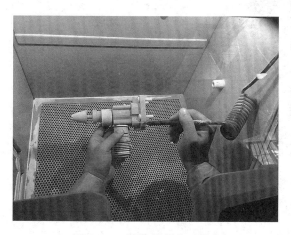

图 8-33 清除样件表面粉尘

5) 取出样件

自动去粉结束后,LCD 液晶面板显示"FINISHING"信息,随后显示"ONLINE"状态,将零件从工作室取出,进行表面清理。用可调节的压缩空气枪清除样件内、外表面残留的粉尘后,将零件放入专用的高温烤箱(95℃左右)恒温烘烤 30~60 min 左右,再次用压缩空气枪清理零件内、外表面粉尘,如图 8-33所示。

6) 样件后处理

将清理好的样件浸入 Z-Bond™渗透剂(图 8-34a)或滴上 Z-Bond(图 8-34b),或用刷子轻刷涂 Z-Max™(图 8-34c),进行表面光洁处理,最后得到如图 8-35 所示的样件。常用渗透剂有 ZMax、ZBond 101/90 等。

(a) 浸   (b) 滴   (c) 刷

图 8-34 强度增强后处理过程

单击菜单【File】|【Exit】,退出软件,关闭计算机,但不能关闭打印机。样件制作完成之后,打印机自动维护喷头清洗,以保持喷头的良好状态。关闭打印机,可能会造成喷头因胶水干涸而堵塞。如果超过四个月不使用该打印机,必须将管路中的胶水全部抽出,同时拔出喷头并保管好,以免损坏打印机。

7) 最终样件

图 8-35 "发动机引擎"实践案例的实物图

思考题

1. 简述 3DP 的基本原理。

2. 给出 3DP 的工艺特点。

3. 在 3DP 成形过程中,为什么不需加支撑?

4. 3DP 技术适用于成形哪些样件?

第九章 快速模具(RT)实践

9.1 实践目的

① 了解快速模具的制作方法。
② 熟悉 V450NA 差压式数控真空注型机的工作原理。
③ 掌握 V450NA 差压式数控真空注型机的操作方法。

9.2 快速模具制作过程

本章简述软模——硅胶模的制作工艺。

9.2.1 硅胶模工艺

在实际应用中,以 3D 打印样件作为母模,通过 RT 技术制造硅胶模具,翻制单件小批量的塑料、橡胶等零件,快速软模工艺流程包括以下步骤:母模准备、硅胶模制作、产品制作,如图 9-1 所示为快速模具的工艺流程。

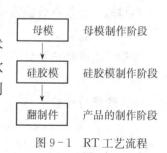

图 9-1 RT 工艺流程

1) 母模

母模为制造硅胶模的原型件,其表面质量直接影响到硅胶模、翻制件的质量,母模主要通过三种途径获取:

① 用 3D 打印技术制作母模(即 3D 打印样件),经过表面后处理;
② 用数控加工(Computer Numerical Control, CNC)技术制作原型,经过表面后处理;
③ 用市场上已有的产品。

2) 制作硅胶模

硅胶模的制作原理类似于铸造模的制作原理,区别在于硅胶模是在常温和真空环境下采用硅胶材料制作而成,而铸造模是在高温和常压环境下采用型砂制作而成。硅胶模制作工艺过程如图 9-2 所示。

(1) 模框制作及母模固定

按照母模的尺寸和形状制作模框,保证母模与模框之间的距离在 30~50 mm 最佳(实际距离取决于母模的大小),将母模置于模框内,保持母模与模框之间距离均匀。

注意:减小模框体积,可以降低硅胶用量,节省制模成本。但是模框体积过小会使硅胶模强度降低,影响制件的质量;模框体积过大,浪费硅胶,增加成本,亦增加了开模与取件难度。

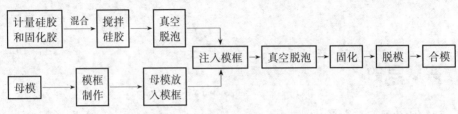

图 9-2　硅胶模制造工艺流程

(2) 选取分模面和制作浇注口

确定分模面,并在分模面处贴上胶纸,在胶纸边缘部分用色笔描出分模面,然后选择合适的 ABS 棒或硅胶棒,固定在母模上,作为硅胶模的浇注口。

(3) 硅胶和固化剂计量、混合和脱泡

按照模框体积与母模体积相减确定所需硅胶体积(需考虑损耗余量),确定硅胶用量,将硅胶和固化剂按照规定比例混合搅拌,调配均匀后,放入真空注型机中抽真空脱泡,排除硅胶混合体中的气泡。

(4) 硅胶浇注

将排除气泡的硅胶倒入模框,完全包围母模。

(5) 再次脱泡

将倒入硅胶的模框放入真空注型机中,再次抽真空脱泡,脱去在浇注时带入的空气,然后将模框放入烘箱中(45~50℃)6~8 h 可完全固化。

(6) 脱模与合模

硅胶完全固化后,卸下模框,在分模面处画出波浪形的分模线,用手术刀与分口钳沿分模线分开硅胶模,取出母模,清理硅胶模上残留的胶带和硅胶屑等废料。将上下两半模具合并,完成硅胶模的制作。

为便于制作浇注品,保证浇注品质量,简化操作工艺,通常考虑以下因素。

① 分模面通常选择在浇注品的最大截面(或轮廓)处。

② 应有利于脱模。虽然硅胶模比较软,可以实现倒拔模,但应尽量避免大角度的撕扯,防止降低模具的使用寿命。

③ 应有利于保证制件的尺寸精度和表面质量。一般将重要的面放在下侧,减少气泡产生。

④ 分模面的选择应有利于排气。具有大平面的零件在摆放时尽量倾斜 15°左右,便于气泡向一边溢出。

3) 制作浇注品

浇注品制作工艺过程如图 9-3 所示。

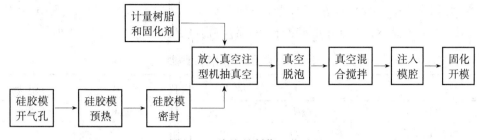

图 9-3　浇注品制作工艺过程

（1）硅胶模开气孔和密封

在硅胶模上半部分的模腔最高处开气孔后，清洗分模面处的污垢，在不宜脱模处喷上脱模剂，放入烘箱烘干。然后，将硅胶模按照分模线合模，用订书枪钉固定，并用胶带密封，露出气孔。最后，放入真空注型机中，将漏斗与硅胶模浇注口联接。

（2）预热硅胶模

在烘箱内预热硅胶模至模腔表面温度为 70℃。利于浇注材料在模腔内具有更好的流动性。

（3）计量树脂

树脂质量根据母模质量确定，按照公式：树脂质量＋固化剂质量＝母模质量＋浇注余量（余量根据制件大小不等，一般为 60～80 g），称取树脂和固化剂的用量。将放有固化剂和树脂的 A、B 料杯放入真空注型机中。

（4）混合搅拌和浇注

真空状态下，将 A 杯固化剂倒入 B 杯树脂中，充分搅拌后，进气至真空度为 0.08 MPa，将混合均匀的双组份材料倒入漏斗，充满硅胶模模腔。随后进气，将系统恢复至常压状态，将树脂压入模腔。注意：从混合搅拌到浇注完成的操作时间应控制在材料允许的操作时间范围内。

（5）固化与开模

卸压后，从真空注型机中水平取出硅胶模，并水平将硅胶模放入烘箱，在 70℃ 环境下固化，根据所使用材料的产品说明确定固化时间。完全固化后，拆除密封和固定的材料，切除浇注口，取出浇注品。

（6）后处理

用斜口钳刀、锉刀等专用工具去除浇注口和毛边，并根据需要进行填补缺陷、喷砂、喷漆等表面处理。

9.2.2　RT 材料与设备

1) RT 材料

（1）硅胶模材料

硅胶模材料一般为双组份硅胶，具有良好的仿真性、脱模性，收缩率低、加工成形方便，也具有耐热、耐老化等优点。

美国道康宁 T‐4、日本东芝 TSE3488T、法国 AXSON ESSIL291/293、东莞林美 LM‐8168 的硅胶是 RT 中常用的硅胶材料,常用硅胶的部分性能如表 9‐1 所示。

表 9‐1 常用硅胶的部分性能

产 品	T‐4	ESSIL291/293	LM‐8168	TSE3488T
颜 色	半透明	透明	半透明	半透明
混合比(重量)	100/10	100/10	100/2	100/10
混合后黏度/(mPa·s)	35 000	35 000	25 000	50 000
密度/(g/mm³)	1.09	1.10	1.1	1.08
可操作时间/min	90	70	120～240	180
40℃离模时间/h	12	12	6	6
肖氏硬度/(A)	40	42	28～38	41

（2）树脂材料

树脂材料主要为聚氨酯类,按材料的性能可分为硬质材料(类 ABS 或高温 ABS 等)、半硬质材料(类 PP、PE、PC、PMMA 等)和弹性材料(类橡胶等),可通过加入色膏或喷漆改变浇注品颜色。常用的有法国 AXSON UP4280、PX521、PX223、日本 Hei-cast 8400 等真空注型用树脂。

常用树脂的部分性能如表 9‐2 所示。

表 9‐2 常用树脂的部分性能

性能　　　产品	UP4280	PX522	PX223	Hei-cast8400
特 性	耐温好,收缩低,离模快	抗冲击,低收缩,可操作时间长	黏度低,抗冲,抗弯,耐高温	黏度低,流动性良好,固化快
颜 色	透明	透明	黑色	乳白色/黑色
混合比	100/50	100/135	100/80	100/100～500
可操作时间/min	5	7	7	6
70℃离模时间/min	30	60	60	45～60
密度/(g/mm³)	1.15	1.13	1.14	1.11
线性收缩/(mm/m)	2.5	3	3	0.4～0.6
应 用	类 ABS	加填料的类 PP	耐高温类 ABS	类橡胶

2）设备

RT 工艺方法所使用的主要设备有:真空注型机、烘箱。辅助设备有电子秤、搅拌器、脱模工具等。

9.2.3　工艺特点

由于硅胶模所具有良好的复制性能,可广泛应用于结构复杂、新款变更频繁的家电、汽车、建筑、艺术、医学、航空、航天等领域的注塑件的制造上。采用硅胶模工艺方法不仅可以降低成本,缩短投放市场的时间,使产品具有竞争优势,同时也使企业可以根据市场反馈,确定新产品正式投入批量生产前是否需要改进,避免盲目投产带来的巨大损失。

1) 硅胶模的优点

(1) 成本低

硅胶模与 CNC 机加工的金属模相比,成本只有金属模的几分之一,甚至几十分之一,一副硅胶模的造价一般在几百至几千元。

(2) 周期短

少则十几小时,多则几天内可以完成硅胶模和浇注品的制造,大大缩短了新产品的开发周期。与传统金属模注塑相比,硅胶模能缩短 90% 的开发周期。

(3) 弹性好且易于脱模

在传统的金属模中,通常需要考虑拔模斜度;而在硅胶模成形中,由于硅胶模有足够的弹性,不必考虑拔模斜度,简化了模具的设计。

(4) 复制性好

硅胶模弹性好,且具有良好的脱模性能,几乎可以复制任何形状的产品,良好地再现其细小特征。

2) 硅胶模的缺点

(1) 不能用于热注射成形

室温、常压下的硅胶模较软,不能采用热注射成形方法浇注成形。

(2) 导热性较差

硅胶的导热性较差,故硅胶模难以加热。如果硅胶模不能达到所要求的温度,会使浇注品品质低劣。

(3) 使用寿命短

硅胶模一般可浇注 15~25 个工件。对于比较复杂的形体,用硅胶模可烧注 10~15 个工件,约 15 件后,硅胶模的模腔一些特征因磨损、撕裂或损伤不能继续使用。因此利用硅胶模来浇注产品只适用于单件小批生产。

(4) 长期加热易老化

由于硅胶导热性不好,在一定环境下,才能保证浇注品的质量;但长期加热,会造成硅胶模老化,降低精度。

(5) 不能回收

由于硅胶模为热固性材料,所以无法回收利用。

9.3 V450NA 真空注型机

以 V450NA 差压式数控真空注型机(简称:真空注型机)为例,简要介绍真空注型机的原理、结构、操作方法及其注意事项。

9.3.1 真空注型机工作原理

真空注型机是快速模具制造过程中必不可少的关键设备。由于双组份材料黏度很高,且在混合后会产生大量的气泡,因此硅胶模和浇注品制作必须在真空环境中完成,使硅胶模和浇注品无气泡、密封,提高浇注品的质量和性能。

工作原理:将盛放固化剂的 A 杯和盛放树脂的材料 B 杯分别放到 A 杯机构和 B 杯机构的托架上;在真空环境下,将 A 杯中的固化剂倒入 B 杯并混合搅拌,使 B 杯中的双组份材料脱泡并充分混合后,通过浇注机构将液体材料注入硅胶模中。

9.3.2 真空注型机主要性能参数

真空注型机的主要性能参数如表 9-3 所示。

表 9-3 真空注型机技术参数

性 能 指 标	技 术 参 数
最大浇注重量/g	1250
最大模具尺寸(W×D×H)/mm	450×450×320
最大室内尺寸(W×D×H)/mm	500×500×800
最大室外尺寸(W×D×H)/mm	975×800×1113
真空泵抽气速率/(m³/h)	25
真空度/MPa	≤-0.098
抽真空时间/s	230
泄压时间/s	10
搅拌方式	自动/电动
注料压力方式	差压/非差压
注料方式	自动/电动
控制方式	计算机集成控制
电压/(V/Hz)	220/50
真空泵功率/W	750
重量/kg	500

9.3.3 真空注型机结构描述

真空注型机(图 9-4)由 A 杯机构、B 杯机构、搅拌机构、真空系统、控制系统、密封系统等组成。

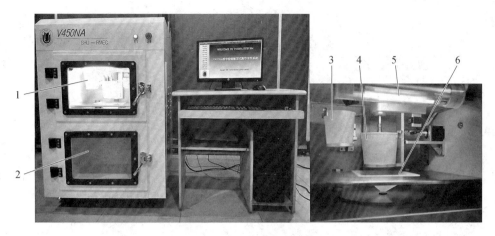

图 9-4　真空注型机的结构图

1. 模具室；2. 搅拌室；3. A 杯机构；4. B 杯机构；5. 照明灯；6. 漏斗

9.3.4　真空注型机注意事项

操作真空注型机时，每次工作结束后，应立即清理工作室和模具室、A 杯、B 杯及搅拌器，同时应注意以下事项，如表 9-5 所示。

表 9-5　真空注型机制件产生气泡的原因及采取措施

原　　因	措　　施
不能达到规定的真空度	启动真空泵后，出现真空压力值为"0"或真空泵运转已达到本机设定时间，而真空压力值仍达不到规定真空度的情况，应停止抽真空，开启密封门，作如下检查处理： ① 检查门的密封条，如有脏物应清除，如有微小破损，可涂上润滑脂应急，在密封条底部垫纸条，必要时更换新密封条； ② 检查门是否能扣紧； ③ 检查系统各接口是否漏气； ④ 检查阀门是否正常
浇注材料含水分	① 检查存放材料时盛装 A、B 料的瓶盖是否盖紧或材料是否过期； ② 材料过期或严重受潮需更换新材料； ③ 浇注前打开 A、B 料瓶盖，将材料置入烘箱，35～40℃下约烘 1 h； ④ A、B 料各倒入容器中，放入真空注型机抽真空脱泡约 15 min
硅胶模排气孔太少或位置不准确	① 在硅胶模的上模腔的高点多开排气孔； ② 在有气泡位置补开排气孔； ③ 排气孔是否堵塞，及时清理排气孔； ④ 在硅胶模的下模腔可适当开排气孔
浇注操作不当	混合后的 A、B 料必须在材料允许操作时间范围内倒入模腔
硅胶模模腔有水分	① 打开硅胶模置于烘箱中，70℃下烘 30 min； ② 操作人员的手应保持干燥
浇注材料未充满模具就搬动	① 浇注完毕硅胶模在真空注型机内应等所有气孔溢出材料，才能搬动模具； ② 进气阀开启时间间隔应大于 8～10 s

9.4 RT 实践案例

9.4.1 硅胶模制作实践案例

通过"汽车天线盖"(图9-5)案例使用真空注型机了解制造硅胶模的工艺过程和方法。"汽车天线盖"样件作为母模制造硅胶模,硅胶模制作工艺过程如图9-2所示。

图9-5 "汽车天线盖"样件图   图9-6 选取分模面图

1) 选取分模面、模框制作与母模固定及制作浇注口

(1) 选取分模面

在选定的分模面处贴上胶纸,在胶纸边缘部分用色笔描出分模面(图9-6)。

(2) 模框制作与母模固定

按照母模的尺寸和形状制作模框,保证母模与模框之间的距离在30~50 mm最佳(实际距离取决于母模的大小),将母模置于模框内,保持母模与模框之间距离均匀(图9-7)。

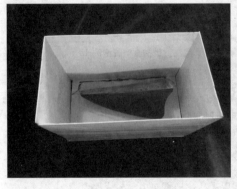

图9-7 模框制作与母模固定图   图9-8 制作浇注口

注意:减小模框体积,可以降低硅胶用量,节省制模成本。但是模框体积过小会使硅胶模强度降低,影响制件的质量;模框体积过大,浪费硅胶,增加成本,亦增加了开模与取

件难度。

（3）制作浇注口

选择合适的 ABS 棒或硅胶棒，固定在母模上，作为硅胶模的浇注口（图9-8）。

2）硅胶和固化剂计量和混合

按照模框体积与母模体积相减确定所需硅胶体积（需考虑损耗余量），确定硅胶用量（图9-9a），将硅胶和固化剂按照规定比例倒入桶里，并混合搅拌。

(a) 硅胶计量   (b) 硅胶和固化剂混合体脱泡

图9-9　硅胶计量和混合脱泡

3）硅胶真空脱泡

① 混合搅拌均匀后，将装硅胶的桶放入模具室，关闭搅拌室和模具室门。

② 打开真空注型机电源，启动计算机后。双击桌面图标 ，弹出"系统登录"窗口，输入用户名和密码后，单击"进入"按钮，进入主界面（图9-10）。

图9-10　系统主界面

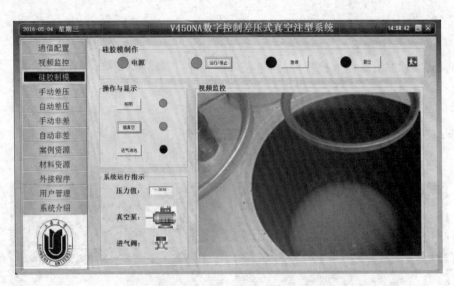

图 9-11　硅胶模制作界面

③ 在主界面上，单击"硅胶制模"按钮进入硅胶模制作界面（图9-11），单击"照明"按钮（指示灯变绿）打开设备照明灯，单击"运行/停止"按钮（指示灯变绿）进入系统工作状态，然后单击"抽真空"按钮（指示灯变绿），开始抽真空，注意观察硅胶气泡沿着桶壁上升的情况（图9-9b）。

④ 当硅胶气泡至硅胶桶口时，单击"进气消泡"按钮（指示灯变绿）阀门打开，开始硅胶消泡，此时抽真空自动停止（指示灯变黑）。

⑤ 再次单击"抽真空"按钮，继续抽出硅胶中的空气，自动停止进气消泡（指示灯变黑），不断循环，直至达到消泡要求为止。

⑥ 硅胶模完成消泡之后，单击"进气消泡"按钮（指示灯变绿），恢复到正常大气压值，打开模具室门，取出装硅胶的桶。

4）硅胶浇注

将排除气泡的硅胶倒入模框，完全包围母模（图9-12）。

图 9-12　硅胶浇注图

9-13　再次真空脱泡

5）再次真空脱泡

将倒入硅胶的模框放入模具室，关闭搅拌室和模具室门，操作过程按照"3)硅胶真空脱泡"的第③～⑥进行(图 9 - 13)。

6）固化

将硅胶模模框放入 45～50℃的烘箱中 6～8 小时可完全固化(图 9 - 14)。

图 9 - 14　硅胶模具固化

7）分模

硅胶完全固化后，卸下模框，在分模面处画出波浪形的分模线，用手术刀与分口钳沿分模线分开硅胶模，取出母模(图 9 - 15a)，清理硅胶模上残留的胶带和硅胶屑等废料，开气孔及浇注口(图 9 - 15b)。将上下两半模具合并，放入烘箱预热待用(图 9 - 15c)。

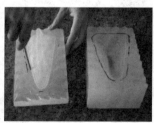

(a) 取出母模　　　　　　(b) 开气孔及浇注口　　　　　　(c) 模具预热

图 9 - 15　分模

注意事项：为便于制作浇注品，保证浇注品质量，简化操作工艺，通常考虑以下因素：

① 分模面通常选择在浇注品的最大截面（或轮廓）处；

② 应有利于脱模。虽然硅胶模比较软，可以实现倒拔模，但应尽量避免大角度的撕扯，防止降低模具的使用寿命；

③ 应有利于保证制件的尺寸精度和表面质量。一般将重要的面放在下侧，减少气泡产生；

④ 分模面的选择应有利于排气。具有大平面的零件在摆放时尽量倾斜15°左右，便于气泡向一边溢出。

9.4.2 浇注品制作实践案例

通过"汽车天线盖"硅胶模（图9-5）案例使用真空注型机了解制造浇注品的工艺过程和方法，浇注品制作工艺过程如图9-3所示。

1) 硅胶模开气孔和密封

在硅胶模上半部分的模腔最高处开气孔后，清洗分模面等的污垢，在不宜脱模处喷上脱模剂，放入烘箱预热，预热至模腔表面温度为70℃。然后，将硅胶模按照分模线合模，用订书枪钉固定，并用胶带密封，露出气孔。

2) 预热硅胶模

在浇注前将合模后的硅胶模继续放入烘箱预热，保持模具在70℃。利于浇注材料在模腔内更好的固化（注意：浇注材料固化温度为70℃，达不到此温度浇注出的模型将达不到材料性能的参数）。

3) 计量树脂

树脂质量根据母模质量确定，按照公式：树脂质量＋固化剂质量＝母模质量＋浇注余量（余量根据制件大小不等，一般为60～80克），称取树脂和固化剂的用量（图9-16）。

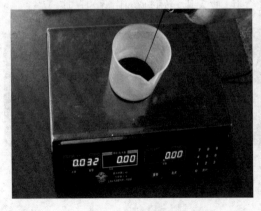

图9-16 计量树脂　　　　　　　　图9-17 漏斗与硅胶模浇注口联接

4) 混合搅拌和浇注

① 开启真空注型机电源,双击系统图标,弹出"系统登录"窗口,输入用户名和密码,并单击"进入"按钮弹出系统总界面(图9-10)。

② 在主界面上,单击"照明"按钮(指示灯变绿)打开设备照明灯,然后单击"手动差压"按钮进入手动差压制作界面(图9-18)。单击"运行/停止"按钮(指示灯变绿)进入系统工作状态。

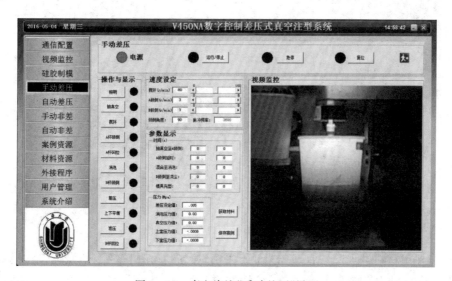

图9-18 真空浇注"手动差压"界面

③ 将硅胶模放入模具室,将漏斗与硅胶模浇注口联接(图9-17),并将放有树脂和固化剂的A杯、B杯分别放入搅拌室A杯托架和B杯托架,关闭搅拌室和模具室门。

④ 单击"抽真空"及"搅拌"按钮(指示灯变绿),抽真空开始,时间一般为5~10 min,并达到-0.1 MPa个大气,设定差压设定值为0.01 MPa。

⑤ 达到-0.1 MPa及5~10 min后,达到真空状态,单击"A杯倾倒"按钮(指示灯变绿,倾倒到位后指示灯变黑),将A杯固化剂倒入B杯树脂中(图9-19)并充分搅拌混合30~60 s(不同材料用量,混合时间有所不同),等A杯倾倒完成后,单击"A杯回位"按钮(指示灯变绿,回位到位后指示灯变黑)(注:可通过显示器监控观察)。

注意:从混合搅拌到浇注完成的操作时间应控制在材料允许的操作时间范围内。

图9-19 混合搅拌和浇注

⑥ 再次单击"抽真空"及"搅拌"按钮(指示灯变黑,停止抽真空及搅拌)。单击"消泡"按钮(指示灯变绿),使搅拌室进气,真空值达到-0.08 MPa,然后再次单击"消泡"按钮(指示灯变黑),停止进气。

⑦ 单击"B杯倾倒"按钮(指示灯变绿,倾倒到位后指示灯变黑),将混合均匀的双组份材料倒入漏斗,通过视频监控观察 B 杯倒料情况。倒料完成后,单击"差压"按钮(指示灯变绿),这时搅拌室和模具室形成差压,压差值为原先设定的 0.01 MPa,通过视频监控观察漏斗下料情况(图 9 - 20)。

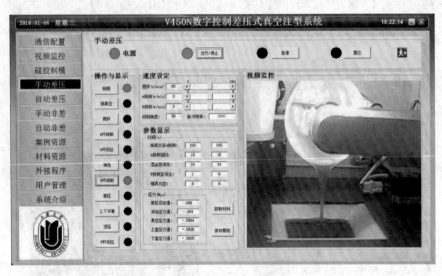

图 9 - 20 B杯倒料及差压浇注

⑧ 漏斗里材料进入模具后,单击"上下平衡"按钮(指示灯变绿)使搅拌室和模具室压力平衡。单击"泄压"按钮(指示灯变绿)搅拌室和模具室回到大气压、单击"B杯回位"按钮(指示灯变绿,回位到位后指示灯变黑)。

⑨ 单击"保存案例"按钮跳转到"案例资源"窗口,数据会自动赋值给案例资源窗口左下方的输入框中,然后单击"保存"按钮,在数据库中记忆本次浇注的步骤及参数,以便下次自动浇注模型,点击"返回" 图标返回到"手动差压"窗口(图 9 - 21)。

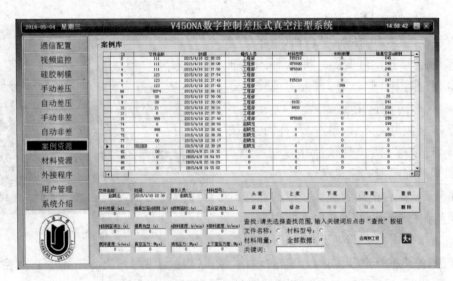

图 9 - 21 案例资源界面

⑩ 浇注完成,从真空注型机中水平取出硅胶模,并水平将硅胶模放入烘箱,在70℃环境下固化,根据所使用材料的产品说明确定固化时间,清洗料杯及漏斗。

⑪ 关闭软件及设备电源。

5) 固化与开模

完全固化后,拆除密封和固定的材料,切除浇注口,取出浇注品,如图9-22所示。

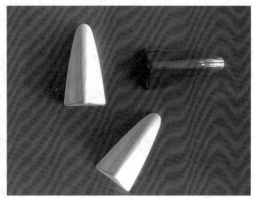

图9-22 开模   图9-23 浇注件

6) 后处理

用斜口钳刀、锉刀等专用工具去除浇注口和毛边,并根据需要进行填补缺陷、喷砂、喷漆等表面处理,浇注件如图9-23所示。

思考题

1. 什么是快速模具技术?软模技术具有哪些优点?
2. 简述分模面的选择原则。
3. 简述制作硅胶模的制作步骤。
4. 简述真空浇注塑料制品的操作过程。

参考文献

胡庆夕,林柳兰,陆齐等.2006.面向 RP/RM 的专家级交互式处理系统.上海大学快速制造工程中心.

胡庆夕,林柳兰,吴镝.2011.快速成形与快速模具实践教程.北京:高等教育出版社.

莫健华.2006.快速成形及快速模具.北京:电子工业出版社.

王运赣.1999.快速成形技术.武汉:华中理工大学出版社.

Baese Carlo. 1902. Photographic process for the production of plastic objects, patent 0774549, U. S. Class 430/320, 33/17R.

Blanther J E. 1892. Manufacture of contour relief maps, patent 0473901, U. S. Class 434/152.

Crump S Scott. 1988. Apparatus and method for creating three-dimensional objects, patent 5121329, U. S. Class 364/468.

Dekard Carl R. 1986. Method and apparatus for producing parts by selective sintering, patent 4863538, U. S. Class 156/062. 2.

Feygin Michael. 1986. Apparatus and method for forming an integral object from laminations, patent 4752352, U. S. Class 156/630.

Hull Chares W. 1986. Apparatus for production of three-dimensional objects by stereolithography, patent 4575330, U. S. Class 425/174. 4.

Sachs Emanuel M, Somerville MA, Haggerty John S. 1989. Three-dimensional printing techniques, patent 5204055, U. S. Class 419/002.

Wohlers Report 2012, Terry T. Wohlers, Wohlers Associats, Inc, USA.

附录　实践报告

第二章　3D 打印与快速模具基础概念实践报告

组号		学号		姓名		成绩	

一、填空题

1. 车铣刨磨是属于_____,3D 打印是属于_____。

2. 3D 打印的工艺种类主要有_____、_____、_____、_____、_____。

3. 常用快速模具方法有_____、_____。

4. RT 技术以为_____基础。

二、判断题(正确的打√,错误的打×)

1. 3D 打印又称为快速成形,是因为这种加工方式不管做何种形状的零件速度都比其他成形方式速度快。　　　　　　　　　　　　　　　　　　　　(　　)

2. 3D 打印是去除成形。　　　　　　　　　　　　　　　　　　　　　　　(　　)

3. 软模所用母模必须是 3D 打印样件。　　　　　　　　　　　　　　　　　(　　)

4. 软模是一种试制用的模具,主要采用环氧树脂。　　　　　　　　　　　　(　　)

三、选择题(将正确选项的序号填入题后括号内)

1. 3D 打印全过程主要包括(　　)。
　　A. 三维建模　　　　　B. 前处理　　　　　C. 后处理　　　　　D. 分层叠加成形

2. 3D 打印的特点有(　　)。
　　A. 自由成形　　　　　B. 高度柔性　　　　C. 自动编程　　　　D. 快速性　　　　E. 适于创新与开发

3. RT 适用于产品开发过程中的(　　)。
　　A. 单件　　　　　　　B. 大批量　　　　　C. 小批量　　　　　D. 中批量

4. 间接制模根据批量可分为(　　)。
　　A. 软模　　　　　　　B. 金属模　　　　　C. 硬模　　　　　　D. 过渡模

四、简答题

1. 3D 打印的成型原理是什么?

2. RT 的工艺过程?

指导教师签字:

报告日期:　　年　　月　　日

第三章　3D打印数据处理实践报告

组号		学号		姓名		成绩	

一、填空题

1. 3D打印的数据格式主要有_____、_____、_____、_____等。

2. 影响3D打印样件表面质量的因素主要有_____、_____、_____等。

3. 提高样件质量措施主要有_____、_____、_____。

4. 3D打印的数据处理软件以Magics软件最具代表性，Magics常用功能有_____、_____、_____等。

二、判断题(正确的打√,错误的打×)

1. 所有3D打印设备在加工模型时都是需要添加支撑的。　　　　　　　　(　　)
2. 3D打印的分层切片厚度会影响模型的加工速度。　　　　　　　　　　(　　)
3. STL文件用三角网络来精确表示CAD模型的数据文件。　　　　　　　　(　　)
4. 3D打印机都是接收STL文件的。　　　　　　　　　　　　　　　　　　(　　)

三、选择题(将正确选项的序号填入题后括号内)

1. 数据前处理在3D打印中占据(　　)地位。
   A. 一般　　　　　　　B. 不重要　　　　　C. 重要　　　　　　D. 无所谓
2. 分层切片厚度(　　)影响样件表面质量。
   A. 不　　　　　　　　B. 直接　　　　　　C. 间接
3. 3D打印的常用文件格式是STL格式,STL格式的三维模型是用三角面片逼近三维曲面的实体模型,其近似程度越高(　　)。
   A. 三角面片数量不变　B. STL文件越大　　C. 三角面片数量越多
4. STL文件的格式有(　　)。
   A. DXF文件　　　　　B. 文本格式　　　　C. BMP格式　　　　D. JPG格式　　　　E. 二进制格式

四、简答题

1. 简述STL文件格式的优缺点?

2. 为什么在3D打印前需要进行数据前处理?

五、3D打印数据前处理(STL 文件)				
文件名称				
错误结果分析	反向向量错误数		（作品粘贴处）	
	坏边错误数			
	壳体错误数			
文件修复	自动修复			
	手动修复			

指导教师签字：

报告日期： 年 月 日

第四章 光固化立体成形实践报告

组号		学号		姓名		成绩	

一、填空题

1. 目前 SLA 材料的颜色主要有_____、_____、_____等。
2. SLA 适用于制作_____、_____、_____、_____的样件。
3. SLA 是_____成型工艺,其设备是采用_____原理工作的。
4. SLA 成形的零件尺寸精度_____,表面质量_____。

二、判断题(正确的打√,错误的打×)

1. 一般 SLA 制件过程中不需要添加支撑的。　　　　　　　　　　　　　　　(　　)
2. SLA 材料存放不受环境限制。　　　　　　　　　　　　　　　　　　　(　　)
3. SLA 是接收 STL 文件。　　　　　　　　　　　　　　　　　　　　　(　　)
4. 后处理 SLA 样件不需要去支撑。　　　　　　　　　　　　　　　　　　(　　)

三、选择题(将正确选项的序号填入题后括号内)

1. SLA 是使用(　　)切割工具使光敏树脂逐层固化的。
   A. 喷头　　　　　　　　B. 二氧化碳激光器　　　C. 熔融　　　　　　　D. 紫外光激光器
2. SLA 成型工艺是(　　)。
   A. 熔融沉积制造　　　　B. 选择性激光烧结　　　C. 光固化立体制造　　D. 薄材叠层制造
3. SLA 使用的材料是(　　)。
   A. 液态　　　　　　　　B. 粉末　　　　　　　　C. 丝材　　　　　　　D. 液态及光敏
4. 需要添加支撑的成型工艺是(　　)。
   A. 选择性激光烧结　　　B. 薄材叠层制造　　　　C. 光固化立体制造　　D. 三维印刷

四、简答题

1. 简述 SAL 的成形工艺。

2)简述 SLA 的工艺特点。

五、FORMLABS FORM1＋3D打印机操作					
模型名称				(作品粘贴处)	
模型数据格式					
模型体积(mm³)					
打印材料					
模型复杂程度					
模型尺寸(mm)	X		模型摆放模式	X(°)	
	Y			Y(°)	
	Z			Z(°)	
	缩放比例		支撑	支撑密度	
材料用量(g)				支撑点大小	
层　数			打印时间(min)		
设备操作流程					
成型原理					

指导教师签字：
报告日期：　　年　　月　　日

第五章　薄材叠层制造实践报告

组号		学号		姓名		成绩	

一、填空题

1. 目前 LOM 材料主要有＿＿＿＿、＿＿＿＿、＿＿＿＿等。

2. LOM 适用于制作＿＿＿＿零件,不易制作＿＿＿＿、＿＿＿＿的样件。

3. LOM 是＿＿＿＿成型工艺,其设备是采用＿＿＿＿或＿＿＿＿原理工作的。

4. LOM 成形的零件的尺寸精度＿＿＿＿,表面质量＿＿＿＿。

二、判断题(正确的打√,错误的打×)

1. 一般 LOM 制件过程中需要添加支撑的。　　　　　　　　　　　　　　　(　)
2. LOM 材料存放不受环境限制。　　　　　　　　　　　　　　　　　　(　)
3. LOM 是接收 STL 文件。　　　　　　　　　　　　　　　　　　　　　(　)
4. LOM 样件的后处理是相对比较难的。　　　　　　　　　　　　　　　(　)

三、选择题(将正确选项的序号填入题后括号内)

1. LOM 采用的切割工具是(　)。
   A. 喷头堆积　　　　　　B. 刻刀　　　　　　C. 熔融沉积　　　　　D. 激光器或刻刀
2. LOM 成型工艺是(　)。
   A. 熔融沉积制造　　　　B. 选择性激光烧结　　C. 光固化立体制造　　D. 薄材叠层制造
3. LOM 使用的材料是(　)。
   A. 液态　　　　　　　　B. 粉末　　　　　　C. 丝材　　　　　　D. 薄膜
4. 不需要添加支撑的成型工艺是(　)。
   A. 熔融沉积制造　　　　B. 薄材叠层制造　　　C. 光固化立体制造

四、简答题

1. 简述 LOM 的成形工艺。

2. 简述 LOM 的工艺特点。

五、SD300 3D打印机操作		
模型名称		
模型格式		(作品粘贴处)
模型体积		
材料用量		
加工用时		打印材料
模型废料分割原则描述		
设备操作流程		
成型原理		

指导教师签字：

报告日期： 年 月 日

第六章　熔融沉积成形实践报告

组号		学号		姓名		成绩	

一、填空题

1. FDM 材料主要有＿＿＿＿和＿＿＿＿材料,支撑材料有＿＿＿＿、＿＿＿＿两种。

2. FDM 适用于制作＿＿＿＿良好,以及制作中小型塑料＿＿＿＿件。

3. FDM 是＿＿＿＿成型工艺,其设备是采用＿＿＿＿原理工作的。

4. FDM 在挤出喷头前至＿＿＿＿状态。

二、判断题(正确的打√,错误的打×)

1. FDM 制件过程中有支撑的。　　　　　　　　　　　　　　　　　　　（　　）
2. FDM 材料存放不受环境限制。　　　　　　　　　　　　　　　　　　（　　）
3. FDM 是接收 STL 文件。　　　　　　　　　　　　　　　　　　　　　（　　）
4. FDM 样件的表面质量、强度好。　　　　　　　　　　　　　　　　　　（　　）

三、选择题(将正确选项的序号填入题后括号内)

1. FDM 的成型方式是(　　)。
   A. 胶粘接　　　　　B. 刻刀切割　　　　C. 激光切割　　　D. 激光烧结　　　E. 熔融沉积
2. 使用热熔材料的成型工艺是(　　)。
   A. 熔融沉积制造　　B. 选择性激光烧结　C. 光固化立体制造　D. 薄材叠层制造
3. FDM 使用的材料是(　　)。
   A. 液态　　　　　　B. 粉末　　　　　　C. 丝材　　　　　　D. 片材
4. 有水溶性支撑的成型工艺是(　　)。
   A. 三维印刷　　　　B. 薄材叠层制造　　C. 熔融沉积制造　　D. 选择性激光烧结

四、简答题

1. 简述 FDM 的成形工艺。

2. 简述 FDM 的工艺特点。

五、Uprint 3D打印机操作						
模型名称		STL大小		（作品粘贴处）		
模型格式		支撑填充				
打印材料		模型结构				
层厚(mm)		STL比例		定向选定表面	□底□顶□前	
旋转Z（度）	X(°)			打印时间(min)		
	Y(°)			模型材料用量(g)		
	Z(°)			支撑材料用量(g)		
设备操作流程						
成型原理						

指导教师签字：
报告日期： 年 月 日

六、Maker bot 3D打印机操作

模型名称		
模型格式		
打印材料	□PLA □ABS	
分辨率	□低 □标准 □高	（作品粘贴处）
填 充	（　）%	
密封层数		
层厚(mm)		

喷头温度(℃)		挤出速度		移动速度	
材料用量(g)			打印时间(min)		

设备操作流程	
成型原理	

指导教师签字：

报告日期：　年　月　日

七、UP PLUS 2 3D打印机操作								
模型名称								
文件格式								
层片厚度								

内部结构		打印材料	
所用设备		零件数量	
材料用量(g)		模型尺寸(mm)	

作品粘贴处）

支撑	密封层		密分表面	角度	
	角度			表面层	
	间隔				
	面积				

喷头高度(mm)		加工时间(min)	

设备操作流程

成型原理

指导教师签字：

报告日期： 年 月 日

第七章 选择性激光烧结实践报告

组号		学号		姓名		成绩	

一、填空题

1. SLS 材料主要有_____、_____、_____、_____、_____等材料。

2. SLS 工艺的一个重要的环节是_____。

3. SLS 是_____成型工艺,其设备所用的材料是_____材料。

4. SLS 成形完成后,样件随系统自然冷却_____状态。

二、判断题(正确的打√,错误的打×)

1. SLS 制件过程中有支撑。　　　　　　　　　　　　　　　　　　　　(　　)

2. SLS 材料存放受环境限制。　　　　　　　　　　　　　　　　　　　(　　)

3. SLS 成形完成后,随即从工作台上将样件从粉末材料中取出。　　　　(　　)

4. 一般设定的工作温度使工作台面粉末温度稍高于材料的软化温度或熔融温度。(　　)

三、选择题(将正确选项的序号填入题后括号内)

1. SLS 的成型工具是(　　)。
   A. 二氧化碳激光器　　B. 刻刀　　　　　　　C. 熔融　　　　　　D. 紫外光激光器

2. 使用粉末材料的成型工艺是(　　)。
   A. 熔融沉积制造　　　B. 选择性激光烧结　　C. 三维印刷　　　　D. 薄材叠层制造

3. 选择性激光烧结工艺使用的材料有(　　)。
   A. 金属粉　　　　　　B. 蜡粉　　　　　　　C. 石膏粉　　　　　D. 尼龙粉

4. 不需要添加支撑的成型工艺是(　　)。
   A. 熔融沉积制造　　　B. 薄材叠层制造　　　C. 选择性激光烧结　D. 三维印刷

四、简答题

1. 简述 SLS 的成形工艺。

2. 简述 SLS 的工艺特点。

五、HRPS-Ⅲ 3D打印机操作

模型名称		
文件格式		
打印材料		
温度设置	层加工温度	
	粉钢温度	
	初始升温时间	
	结束降温时间	
	完毕降温终点	

(作品粘贴处)

参 数 设 置

扫描速度		铺粉延时		边框次数		边框间隔	
激光功率		扫描延时		烧结间距		加热强度	
光斑补偿		单层厚度		扫描方式		升温强度	
打印层数				打印时间			

设备操作流程	
成型原理	

指导教师签字：

报告日期：　　年　　月　　日

第八章 立体打印实践报告

组号		学号		姓名		成绩	

一、填空题

1. 3DP 的成形材料是_____、_____。

2. 3DP 工艺与_____工艺类似。

3. 3DP 是_____成型工艺,采用_____原理。

4. 3DP 成形完毕后,取出样件和去除多余粉末,然后将_____浸入样件。

二、判断题(正确的打√,错误的打×)

1. 3DP 制件过程中没有支撑。 （　　）

2. 3DP 材料存放受环境限制。 （　　）

3. 3DP 成形完成后,随即从工作台上将样件从粉末材料中取出。 （　　）

4. 3DP 打印机是采用激光为能源。 （　　）

三、选择题(将正确选项的序号填入题后括号内)

1. 3DP 的成型方式是（　　）。
   A. 喷涂胶黏结　　　　B. 刻刀切割　　　　C. 熔融沉积　　　　D. 激光器烧结

2. 使用粉末材料的成型工艺（　　）。
   A. 熔融沉积制造　　　B. 选择性激光烧结　　C. 三维印刷　　　　D. 薄材叠层制造

3. 选择性激光烧结的成型材料（　　）。
   A. 金属粉　　　　　　B. 蜡粉　　　　　　C. 石膏粉　　　　　D. 尼龙粉

4. 需要添加支撑的成型工艺是（　　）。
   A. 熔融沉积制造　　　B. 薄材叠层制造　　　C. 选择性激光烧结　　D. 三维印刷

四、简答题

1. 简述 3DP 的成形工艺。

2. 简述 3DP 的工艺特点。

五、Zprint 450 3D打印机操作						
模型名称				(作品粘贴处)		
模型格式						
模型尺寸（mm）						
打印材料						
摆放角度	XY		层 厚		层 数		
	XZ		材料用量(g)			
	YZ		打印时间(min)			
设备操作流程						
成型原理						

指导教师签字：

报告日期：　　年　　月　　日

第九章 快速模具实践报告

组号		学号		姓名		成绩	

一、填空题

1. 硅胶模具适用于浇注_____规模的工件。

2. 硅胶模有足够的弹性,因此不需考虑_____。

3. 快速模具工艺流程包括:_____、_____。

4. _____是将3D打印和模具结合,用3D打印直接制造出模具。

二、判断题(正确的打√,错误的打×)

1. 硅胶模属于间接模具中的软模。 (   )

2. 过渡模通常指环氧树脂模具,寿命比硅胶模高,可浇注1 000～5 000件。 (   )

3. 根据模具材料、生产成本、3D打印材料、生产批量、模具精度的要求,常用的快速模具方法大致有直接制模方法和间接制模方法。 (   )

4. 快速模具工艺中浇注件的固化温度一般为45℃左右。 (   )

三、选择题(将正确选项的序号填入题后括号内)

1. 依据材质不同,间接模具方法根据批量可分为哪几种(   )。
   A. 软模　　　　　　　　B. 过渡模　　　　　　　C. 硬模

2. 硅胶模具的优点是(   )。
   A. 成本低　　　　　　　B. 周期短　　　　　　　C. 浇注批量大　　　　　D. 复制性好

3. 硅胶模具的缺点是(   )。
   A. 不能热注射成形　　　B. 使用寿命短　　　　　C. 不能回收　　　　　　D. 长期加热易老化

4. 模具及浇注材料放入真空注型机内抽真空脱泡,真空气压要达到(   )。
   A. −1 MPa　　　　　　　B. −0.1 MPa　　　　　　C. −0.01 MPa

四、简答题

1. 用差压浇注适合什么样的模型浇注? 差压浇注的优势是什么?

2. 硅胶模在浇注前要进行预热,预热的温度是? 预热温度没达到要求会怎么样?

五、硅胶模及浇注件制作

<table>
<tr><td colspan="2" align="center">母　模</td></tr>
<tr><td>样件名称</td><td rowspan="4">（作品粘贴处）</td></tr>
<tr><td>重量(g)</td></tr>
<tr><td>外形包络尺寸（mm）</td></tr>
<tr><td>壁厚（mm）</td></tr>
</table>

硅　胶　模		浇　注　件	
所用材料		所用材料	
模框尺寸		材料可操作时间	
材料用量(g)		材料用量(g)	
硅胶比		浇注材料比	
		浇注模式	□差压　□非差压
脱泡时间		脱泡时间	

	序　号	内　容		序　号	内　容
硅胶模制作过程			浇注件制作过程		

指导教师签字：

报告日期：　　年　　月　　日